做心底明媚的女子

心优雅，自芳华

古茗 著

光明日报出版社

图书在版编目（CIP）数据

做心底明媚的女子：心优雅，自芳华／古茗著. --
北京：光明日报出版社，2016.11
　　ISBN 978-7-5194-2229-5

Ⅰ. ①做… Ⅱ. ①古… Ⅲ. ①女性－成功心理－通俗读物 Ⅳ. ① B848.4-49

中国版本图书馆 CIP 数据核字（2016）第 249070 号

做心底明媚的女子：心优雅，自芳华

著　　者：古　茗	
责任编辑：庄　宁	策　　划：博采雅集
封面设计：意如工作室	责任校对：傅全泽
责任印制：曹　诤	

出版发行：光明日报出版社
地　　址：北京市东城区（原崇文区）珠市口东大街5号，100062
电　　话：010-67022197（咨询），67078870（发行），67078235（邮购）
传　　真：010-67078227，67078255
网　　址：http://book.gmw.cn
E－mail：gmcbs@gmw.cn　zhuangning@gmw.cn
法律顾问：北京德恒律师事务所龚柳方律师

印　　刷：北京文昌阁彩色印刷有限责任公司
装　　订：北京文昌阁彩色印刷有限责任公司
本书如有破损、缺页、装订错误，请与本社联系调换

开　　本：880mm×1230mm　1/32
字　　数：187千字　　印　张：9
版　　次：2016年12月第1版　印　次：2016年12月第1次印刷
书　　号：ISBN 978-7-5194-2229-5
定　　价：35.00元

版权所有　翻印必究

序言

作为女子，我们都有自己的倔强和骄傲、不甘和执着。在历尽生活中的起起伏伏、磕磕碰碰之后，只要我们的心底还保留有一丝明媚，那我们就仍能优雅如初、芳华依旧。

那些出现在我生命中的美好女子，不管生活中遇到怎样的风浪，她们的心底都依然明媚，依然能够在乌云密布的天空中寻一处光亮；就算处于人生最艰难的岁月，她们也仍能保持心中一丝柔软，淡定洒脱地微微一笑，然后继续前行。

我们每个人都是天地间的一叶扁舟，起落于浩瀚汪洋之中，很多时候，空凭一腔热血就想成为骄傲的女王，掌握自身的命运。但是，也不乏一些好心人会劝我们"回头是岸"：一个弱女子凭什么在这个恶狼横行的丛林中拼命？

是呀，凭什么？就凭我们有一颗不愿随波逐流、不愿将就的灵魂。就算撞礁搁浅，我们也不愿屈服于这残酷的流年；即使早已被岁月摧残得千疮百孔，我们依然不懂什么叫迷途知返。亲爱的姑娘，请你一定要相信，就算被千万人轻视贬低，你依旧是高傲的绝版唯一。

我写下这些文字，送给那些倔强着行走于世的女子，愿你永远心底明媚，在艰难的岁月里笑靥如花。

……

做心底明媚的女子

目录

第一章
独立：成就自己的国

成就自己的国 // 002
那个远方，漫长却精彩无比 // 007
原谅我此生不羁爱自由 // 011
从此，我的家是山川湖海 // 015
尊重内心的每一次诉求 // 019
不褪色、不枯萎、永不老去 // 023
你有权成为掌控人生的女王 // 027

第二章
坚强：如果不能抵御流年，那就温柔以应

因为是女子，所以选择温柔 // 032
面对流言蜚语，浅笑嫣然 // 036
失败，是上苍的馈赠 // 040
你的字典里没有"脆弱" // 044
驱散阴霾，微笑向暖 // 048

第三章
梦想：如果浮生是一场梦，那么就将它做尽

生命因喜欢充满无限可能 // 052

浮生就是一场该做尽的梦 // 055

质疑，不该成为前进的绊脚石 // 059

出发，任何时候都不晚 // 063

静静努力，优雅绽放 // 067

看过最黑暗的现实，才能见到耀眼的阳光 // 071

安全感并不会减少你人生的颠簸 // 075

第四章
孤独：守住繁华，耐住寂寞

孤独，找寻自我的开始 // 080

一个人的盛世芳华 // 083

沉静，以此抵达内心的繁华 // 087

无关他人，寂寞绽放 // 091

浮华俗世，不忘初心 // 095

回归，找寻一种被称为"曾经"的信仰 // 099

第五章
爱情：这世间的情事，终有一个了结

与你相遇，好幸运 // 104
那些年，你还不懂他的爱 // 108
与时空谈一场异地恋 // 112
以一个洒脱的姿态和过去告别 // 116
相濡以沫，以应流年 // 120
身份悬殊的最根本问题是精神世界的差异 // 124
出走，只为更好地去爱你 // 128

第六章
苦难：对人世留有一丝柔软

历经劫难，对人世留有一丝柔软 // 134
在绝望中重生 // 138
缺陷，成就最好的人生 // 142
以温柔之名，应对悲苦苍凉 // 146
是的，我只能不断地奔跑 // 150

第七章
简约：选择一种远离尘嚣的生活方式

在网络时代，选择一场逃离 // 154
关于房间的信仰 // 158
不用过分看重别人在你生命中的参与 // 162
生活是一件慢条斯理的事 // 166
素面朝天，只为取悦一次自己 // 170
小心影像时代的"阴谋" // 173

第八章
外貌：你可以不美丽，但不要忘记优雅

外表普通？不该成为你的借口 // 178
单品，宁缺毋滥 // 182
其实，保持身材也是在重塑人生 // 186
口红赋予的生命哲学 // 190
帽子中的"欲说还休" // 193

第九章
气质：不会随着岁月的流逝而枯萎

愿你如书，抵御流年荒芜 // 198
亲爱的，愿你永远做个小女孩 // 202
我心有猛虎，细嗅蔷薇 // 206
许你一生优雅歌 // 210
如歌岁月，恣意洒脱 // 213

第十章
柔软：我心底有一束光，照亮前方

予人玫瑰的温馨，在心间慢慢升腾 // 218
我有一束花，可以赠流年 // 223
不要忘记那个最重要的男人 // 227
其实，家乡才是你行走于世的底气 // 232

第十一章
情商：深谙世故但不世故

笑得甜的姑娘，运气都不会太差 // 236
人静如莲，繁盛不招摇 // 239
不要在欲望中迷失自我 // 243
来说是非者，必是是非人 // 247

第十二章
人生：美好的时光，值得静静守候

每一段时光都有存在的意义 // 252
走过的路途，彼此相通 // 256
在时光的废墟中，我唯独记得你 // 260
因为懂得，所以慈悲 // 264
相信自己的存在价值 // 268
擦干泪水，奔赴滚滚红尘 // 272

做心底明媚的女子

第一章

独立：成就自己的国

那天，你站在舞台的中央，骄傲地昂起头，终究成为自己的王。作为女子，保留一份独立、自尊，在物质与精神上不依附任何人，做骄傲的女王。

成就自己的国

> 那天,你站在舞台的中央,
> 骄傲地昂起头,
> 终成自己的国。

我所欣赏的女子,不仅拥有自己的家庭,还拥有自己的事业和朋友圈。她们最大的骄傲就是不依附,可以掌控自己的人生,凭借个人力量在这个弱肉强食的丛林里立足。

也许,很多女孩子并不清楚自己想要什么,甚至不明白自己为什么要在适婚的年纪里苦苦奋斗。大概过了 25 岁以后,一群看似关心自己的长辈开始上演轮番"轰炸",苦口婆心地劝导姑娘们要早点谈恋爱、结婚生子。过了一两年,当你依旧孑然一身的时候,似乎就是犯下了滔天大罪,深陷于这无尽的责难中,无力反抗,又无法自拔。他们到处张罗着给你介绍男朋友,直至双方父母都满意,你和那个人也互不讨厌,这一切方才告一段落。但也只是告一段落,你的人生从此就和这个人捆绑到了一起。

随着时间的推移，很多女孩子不得不开始屈服于这个现实的社会，日渐沦陷于一种普世的道德标准和价值观之中。在这种普世的道德标准和价值观中，似乎女性的人生就是为了结婚生子而存在的，贤妻良母，则成了这个社会赋予她们的唯一的身份。在这样的价值评判中，很多女人早已经忘了自己曾经想要的是什么。

有些女孩子特别拼，拼劲和能力都可以直接秒杀身边的很多男性，轻松胜任许多工作。这也导致她们身边的人经常会问："何必那么拼命呢？事业干得再好，也不如嫁得好。"的确，这确实是一条捷径，可以直接跨过残酷的社会现实。然而，这看似深得人心的警示之言中，所隐含的误导性也是不可否认的。这句话让许多姑娘在最该奋斗的年纪忘记了去装备自己。在从小就开始的"要嫁一个有钱人，如此便能过上衣食无忧的生活"的教导下，她们沉醉于韩剧中屡屡上演的那种"平民女子遇到霸道总裁"的虚幻故事里，幻想着有一天这样的故事会发生在自己身上，却不知那些不过是剧作家们编造的黄粱一梦罢了。女孩子们应该早一些清醒过来，在这个世界上，既帅气多金，又专一、疼爱自己的男人几乎是可遇而不可求的，就算有，被你遇到的可能性又有多少呢？沉浸于电视剧所打造的海市蜃楼中，消耗着自己最宝贵的青春，才是很多女孩子失去自我，甚至最终一无所成的主因。

小诗是一名空姐，相貌和身材出众，家境也还算不错。有时候，大家会在网上聊天，谈谈以后的人生。小诗说："在择偶方面，只要嫁个有钱有势的优质男就可以啦。他负责赚钱养家，而我就负责貌美如花啦。"有一次，在飞国际航班的旅途中，她遇到了一位商人，各方面条件都非常好，可以满足小诗的一切要求。于是，后来小诗就辞去了空姐的工作，回家做起了全职太太。那时候，很多朋友劝过小诗不要放弃工作。但是，小诗并没有听从大家的劝说，她认为自己年轻又漂亮，太有这个资本做个悠闲的全职太太了。

后来，小诗过上了梦寐以求的生活。每天在家中，她做做自己喜欢的事情，闲来就约上几个朋友去逛街、进美容院，除此之外也没有过多的社会圈。过了大概一年的时间，小诗就怀孕了，生了一个可爱的宝宝。从此，小诗的生活就完全围着宝宝转，慢慢开始忽视了对自身的关爱和养护。

大概在宝宝3岁的时候，商人告诉小诗，他爱上了自己的秘书，那个女人将他照顾得无微不至。顿时，小诗如遭晴天霹雳，一切都来得太突然了。离婚后，宝宝判给了那个男人，因为他有足够的经济能力。尽管小诗得到了一笔经济补偿，但那根本不足以支撑她的日常开销。那个时候，小诗已经30多了，已经无法和20出头的女孩子比，在职场上早已失去了竞争力，不可能再回到原来的岗位。面对这突如其来的一切，小诗慌乱了。

当大家再遇到她的时候，她痛苦地说道："其实，你们当初说的没错。我真不该仗着自己的年轻貌美，就头脑发热，放弃了自己的工作，放弃了做自己。"的确，在这个弱肉强食的社会里，女人更该保持自己的独立性，不要完全依附于男性，丧失了自己，因为自己能把握住的东西，才是真正属于自己的。小诗说："我曾经怨恨过前夫的背叛，甚至想去讨伐那个女人，但是现在想来，是自己被这个残酷的社会淘汰了。我以为嫁了个有钱人就没有后顾之忧了，就可以挥霍青春了，没想到……我最后悔的是没有在最好的年纪里提升自己。"

是呀，那个商人本来就是为了小诗的美貌娶了她。当岁月在小诗的脸上留下痕迹，当她不再注重修饰自己的外表时，能够维系他们的还有什么呢？商人身边的女秘书，比小诗年轻貌美，可以帮他打点好一切。此外，那个女秘书也不只是一个普通的女性，她还是拥有强大人脉网络的高级秘书，能帮助他拓宽事业，得到更多的机会。当女秘书不仅在照顾他的衣食住行，同时又做好了一个称职的秘书时，小诗却在理所当然地做着一个依附者。这种对比，该如何选择，对于那些自古就"重利轻别离"的男性来说，其实往往是没什么可犹豫的，而这也就是赤裸裸的现实。

亲爱的姑娘，你可以幻想这个世界是有真爱的，幻想那个男人能够疼爱你一辈子，不过建议你还是趁早从这样的幻梦中醒来吧。童话本来就是骗人的，更是不现实的。其实，很多人往往忽略了一点，童话中的灰姑娘本身就是富家小姐，丑小鸭本身也就是天鹅。当你没有和王子相匹配的条件时，那么有朝一日变公主的美梦，也只能是一个美梦罢了。

姑娘们，你们一定要明白，这个世界没有免费的午餐。在20多岁的年纪里，你应该静下心来，努力装备自己，让自己变得强大，有足够的能力去应对生命中的一切。你要掌握自己人生的主导权，不要把它交到其他任何人手中。这样，终有一天，你将会变得强大无比，在残酷的现实中杀出一条血路。那时的你，进也好，退也罢，都能从容以应。那个时候，你终会遇到一个与自己经历相仿，又有着相似的价值观和人生观，有着平等的灵魂的人。如此一份势均力敌的爱情，不比那幻想中的、遥不可及的美梦更好吗？

　　亲爱的，请抬起头，勇敢地向前冲。终有一天，你将骄傲地站在舞台的中央，向全世界宣告，这是你的国，属于你自己的国。

那个远方，漫长却精彩无比

> 那天，你收拾好行囊，
> 和所有人一一作别。
> 没有过多的言语，
> 也没有过多的不舍。
> 从此，那条路叫作远方。

是的，他们是我们生命中的千山万水，是足以支撑我们活下去的一切力量。然而，我们的人生并不一定要被他们囚禁，更不必受到他们的制约。

这世间女子千万，而每个女子的人生又是千差万别的。有一种女人，她们放弃了原本稳定的工作和生活，远离亲朋好友们的逼婚，踏上了一条不确定的、未知的人生道路。在传统的价值标准中，这样的女子是离经叛道的，是不安分的。这个社会里，有一种共同的、不容辩驳的认知：女人幸福的标准就是有一个美满的家庭，做一个贤妻良母，相夫教子。但是，就因为站在了"女人"这一身份上，女人就再没有权利去选择另一种人生了吗？

女人本来就是骄傲的，不该因为"自己是个女人"就委曲求全，放弃梦想，屈从于现实，将所有的精力都耗费在家庭和婚姻上。在传统认知中，到了一定年龄，女人就必须面对结婚生子这件事，不管她现有的事业和生活安排得怎样好。她们的父母像是急着要抛售一件商品一样，将她们带到婚姻这个市场上，生怕晚一天这件商品就会失去市场，就会从此开始贬值。父母们总觉得只有将女儿嫁到一个好人家，她的一生才能真正地获得幸福美满。然而，他们却往往忽略了这样草率结婚可能带来的后果。

很多女性都不免会在通往婚姻的这条路上苦苦挣扎一段时间，因为她们不想随便将就，不想妥协于某种既定的价值观。不过，当她们听了太多的催促声后，不免也开始着急起来。于是，她们开始参加各种相亲会，终于抓住一个印象不错的人迅速结婚了。在这条通往婚姻的道路上，没有爱情萌发时的怦然心动，没有恋爱过程中的酸甜苦辣，有的多是夫妻相敬如宾的陌生感。当然，这种选择也许很好，但何尝不是人生的一份缺失、一份遗憾呢？

这个社会对女性总是苛刻的。舆论似乎永远都站在男性的那边，就算他们到了40岁还单身，也是合情合理的，甚至还会赢来"钻石王老五"的美称。反观女性，在奔往30岁的人生道路上，却又承受了多少无形的压力！久而久之，在广大女性中，自然也就慢慢形成了一种既定的思维模式——如果不想被当成怪胎，那就早点儿结婚生子，并影响着身边人和后来人。在这个女性被各种道德绑架着的社会里，我们应该勇敢地站起来向他们宣战，我们的人生舞台应该更精彩。

恰尔是一位导游，旅居瑞典已经将近15年了。初次见恰尔的时候，我根本无法想象她是年近不惑、已经有一儿一女的人了。一头齐肩长发，健康的小麦色皮肤，身材瘦弱但十分有精神，像是一个20出头的小姑娘。15年前，恰尔从北外毕业。因为没钱，所以她无法像其他同学一样去留学。之后，她回到了遥远的家乡，开始过着简单、普通的生活。家人让她早些结婚，但她毅然拒绝了。她觉得自己的人生不该"就这样了"，应该离开那个闭塞的地方，走出去。恰尔并不知道自己为什么要那么任性，不顾家人的强烈反对，收拾好行囊，怀揣着工作几年后微薄的积蓄，艰难地踏上了前往瑞典求学的道路。"在我心底，在靠近我灵魂最深处的地方，有一个声音在对我说——你的人生不止这样，你还有很多东西需去寻找。"恰尔是这样解释那次离开的。

后来，恰尔在瑞典遇到了现在的老公，一个喜欢自由、喜欢四处漂泊的男人。在相似的经历、相仿的价值观和人生观推动下，两个人自然而然地走到了一起。除了工作，他们最大的爱好就是去全世界旅行。他们的旅行并不是跟团拍几张照片就结束了，而是真正的体验之旅。恰尔说："你知道吗？只有在体会跋山涉水的艰辛后，你才能深切感悟自然的奇妙、世界的精彩。"在大女儿出生之后，夫妻二人便带着女儿跑了很多地方。恰尔说："我希望她能尽早地认识这个世界，看到这个世界的精彩，这样在她成人之后，才能更加清醒地知道自己想要什么样的生活。"

2015年，他们带着8岁的大女儿、4岁的小儿子奔赴以色列，开始了一次不仅艰辛而且充满了危机的旅行。也正是这次旅行，让她的大女儿嚷着以后要一直待在瑞典，再也不要出去旅行了。恰尔说："女儿以前从来没有说过这样的话。曾经她觉得世界是奇妙的，更是充满欢乐的，去哪里都很有新鲜感，然而这次情况真的很特殊。"一开始，恰尔并不明白其中的原因，但是经过几天的梳理后，她开始反思。的确，当一个8岁的女孩子突然来到一个满街都是枪支的国家，她的心中一定是充满了恐惧的。在这个世界上，没有哪个生活在和平中的孩子愿意陷入惊恐之中。当一个8岁的女孩，看到妈妈在清真寺前被几个强壮无比的男人围着时；看到父母在约旦佩特拉古城因遭受欺诈和穿着大袍子的陌生人吵架时；看到父母被以色列海关的阿姨像对待敌人一样驱赶时……她怎么可能不感到危险、不觉得恐惧呢？恰尔说："8岁的大女儿已经开始感知到了这个世界的险恶，而4岁的小儿子还没有那个意识。我不知道带她来这么敏感的地方是否正确。这似乎是一次欠考虑的旅行，但我依旧相信这就是旅行的意义，无论好与坏，我们的体会总是有很多的。"

　　的确如此，在远行后，我们的世界观和价值观都发生了非常大的变化。当我们开始踏上远方的道路时，就会更加珍惜生命中的每一次相逢和离别。体悟生活的真谛，感受不一样的生活。渐渐地，我们慢慢明白人生中最该珍惜的是什么。当我们走得多了，看得多了，那些曾经让我们无比在乎又纠结的事情，自然就会变得无足轻重了。

原谅我此生不羁爱自由

> 此生，有太多事值得我们去做。
> 青春不是用来后悔的，
> 而是能够挥挥手潇洒地告别的。
> 凡俗之事早已远去，
> 原谅我此生不羁爱自由。

一个女人应该保持独立的状态，不仅表现在经济上，更体现在精神上。一个女人做到精神和灵魂的独立，她才不会被这俗世中的任何人和事所牵绊和捆缚。灵魂的独立表现在洒脱和自由的精神状态上。

很多现代的都市女性，她们不仅有着出众的外貌，还有着令人羡慕的经济基础，能够自己买房买车、周游世界。但是，她们并不一定就是真正自由的，因为她们很容易深陷于情感的旋涡，不能自拔。

我有一位叫若琳的女性朋友，她不仅气质出众，而且才华横溢，是纽约大学艺术专业的高才生。在美国，她本可以进入全世界顶尖的艺术公司，与大师级的艺术家工作，后来却不知因为什么放弃了。回国后，她开了一家艺术品投资公司，很快也就在圈内小有名气了。我从没见过什么事能扰乱她的心志，更没见过有什么人能将她打倒。为了一场展览，她能忙前忙后半个多月。有一次，我去办公室找她，发现她穿着工作服累得趴在沙发上休息。当我叫醒她时，她擦了擦眼睛，立刻穿上高跟鞋站起身，整理了衣服问是不是要开会了。那时，我觉得她真的是拼命三郎，巴不得每天 24 小时都在忙忙碌碌。

　　有一次，她约我去酒吧喝酒，开始我们只是聊着无关痛痒的影视圈、明星八卦。可是，聊着聊着，也许是在酒精的作用下，她竟然抱着我痛哭起来。那时她就像个无助的孩子一样不知所措，完全不再是那个众星捧月、呼风唤雨的女王形象。若琳告诉我："古茗，你知道吗？其实，回国前我有一个男友，叫子邱，我们是纽约大学的同学，因为共同的艺术梦想走到了一起。毕业时因为考虑到国内艺术品投资市场的巨大发展空间，他选择了回国，而我非常想留在美国发展。也许是因为两个人都太好强了，谁都没有为对方让步。我们约定：三年后，发展不如意的那一方去找对方。但让我想不到的是，时间过去还不到两年，子邱却已经爱上了别人。那时，我在美国事业已经小有起色了，但听到这则消息后，我当时就辞了工作，买了回国的机票。"

　　我问若琳："当初在一起时，你都没有为他放弃美国，为什么反而会因为他的劈腿就放弃了努力那么久的梦想？"若琳沉默了片刻说道："因为我不甘心。不甘心我苦心经营那么久的爱情被别人乘虚而入，不甘心那么久的异地等待化作泡影。我回国只想要个答案，让子邱亲口对我说'分手'这两个字。"最后，子邱告诉她："既然缘尽了，就不必坚持了。我们分手吧。"若琳说："当我亲口听到'分手'那两个字时，瞬间有一种天崩地裂的感觉，似乎自己坚持的一切都没了，甚至连人生都失去了方向和意义。"她饮尽杯中酒，气愤地说："子邱的劈腿对象是个小有名气的模特，身材火辣，眼神能够颠倒众生。现在我这么拼命只是想为自己争口气，告诉子邱，这个世界上只有我才配得上他。"我看着若琳仇恨的眼神，不禁打了个寒战，原来她拼命工作的背后竟还承载着如此大的爱恨情仇。这是一场战争——一个女人和另一个女人的战争，一个女人和一个男人的战争。

若琳是众多女性的代表，表面上独立得像个女王，实则被爱情捆缚，不能自拔。她们活得失去了自我，一个不甘心让她们搭上了一生的自由。其实，再不甘心，你对那些已经消失的人或事又能怎么样呢？不甘心，只是你不放过自己的表现罢了；死扒着一段逝去的情，恨不得握在手里一辈子，即使那个人已不再是你的，只会让你更不开心罢了。女人，这种做法，这种心态，归根结底，还是因为你依然没有独立，即使你做到了经济独立，但你的心、你的人格却依然被某些无形的东西所捆绑。

还记得王菲对爱情的态度，她说每个人都会做错事，如果有婚外情发生，那她首先要知道在什么情况下犯错。如果他无意放弃家庭，只是一时踏错，那她会酌情处理。如果他不再回头，她就会放手，不再勉强。

天后的感情远比电影里的故事还要精彩。在和李亚鹏离婚后，王菲和同样离婚的谢霆锋复合。对此，娱乐圈像是炸开了锅，而众人的评价也褒贬不一。有人佩服王菲的勇气，支持这一段惊世骇俗的感情；也有人说她抛开孩子不顾，没有尽到一个母亲的责任。其实，无论外界怎样评价王菲的每一次选择，对她来说都无关紧要。是也好，非也好，她只是选择了自己的方式去生活罢了。曾经，无论是窦唯、谢霆锋，还是李亚鹏，每一次从相知到相爱，再到分道扬镳，她都那么随性、不纠缠。她心中不受凡俗的那些礼教、规约束缚，也没有什么不舍与不甘。

不仅是婚姻、情感上如此，事业上她也同样如此，虽然身处娱乐圈，却仍保持着心灵的自由。她冷若冰霜，从不买媒体账。她站在喧嚣的人群中，却让一切都成了寂静。她将繁华唱成落寞，将一切有所谓都唱成无关痛痒。你说她不像个好母亲也好，不是个好妻子也罢，但她活得淡定从容，真实随性。她梳着道姑头，穿着麻布长袍，行走于她自己的江河湖海之中。一个女人，只有做到灵魂独立时，她才算真正活出了自我。

是的，此生还有太多事情值得我们去做，青春不是用来后悔的，而是能够挥挥手潇洒地告别的。爱情更是如此。很长时间以后，我们就会发现，其实那些爱恨情仇、那些凡俗之事早已离我们远去。原谅我此生不羁爱自由。

从此,我的家是山川湖海

后来,我开始明白,
未来的路,只能一个人去走;
后来,我开始懂得,
生命的旅途,其实就是一个找寻自己的过程。
原来,我的家是山川湖海。

因为是女子,所以更应懂得生活的意义;因为是女子,所以更该坚强地面对人生的世事无常。还记得《山河故人》中的那句话:每个人只能陪你走一段路。原来,他们都只是你生命中的过客,或短或长,最终都要一一告别。我们如无根的野草,飘摇一生,寻一个归处。当一切都离开的时候,作为一个女人,心中所恋之事又是什么呢?

蔚然是个摄影师,喜欢捕捉生命中的一切美好。蔚然的生命里也曾有过一段美好的感情——与她的师兄,两个人在大学时期就走到了一起。

其实,蔚然从小是个孤儿,没有爸爸妈妈,不知道自己从哪里来，更不知道自己要到哪里去。她也曾尝试去找亲生父母，但最后还是放弃了。她这样说道："他们既然因为什么将我抛弃了，那我也没有必要再去打扰他们。我们之间的缘分也仅限于此了。"

蔚然一直过着孤独的生活，直到遇见她的师兄，才更多地感受到了生命的美好和意义。她和师兄，两个人不仅有共同的爱好，也有着相同的价值观。两个人在一起的这些年，共同拍摄了许多作品，并且获得了许多国际奖项，是圈内公认的神仙眷侣。一起写作、旅行、摄影，去哪里都要在一起，像连体婴儿一样，显得格外突出和耀眼。

但世事难料，当两个人在一起走了十年，正准备走向婚姻的殿堂时，她的师兄却因长期劳累患上了败血症，并最终永远地离开了她。这件事对蔚然的打击是巨大的，一下子就让她从人生的巅峰跌向了谷底。

伤心欲绝的蔚然在博客上传了一张和师兄旅行的照片，写道："你太狠心，给了我生的希望，让我有所期待，但最后却又将我独自抛向这茫茫人海中。"给师兄办完丧事，蔚然就卖掉了所有的固定资产，只留下一台相机，然后向我来告别，说此生已别无所求，如今只打算在旅途中忘记这份失爱之痛。那一年，她才30岁。

今年，我又遇到了蔚然。离上一次见她已经过去五年。这五年里，她成了一名职业旅行家，走遍了世界的每个角落。蔚然黑了，也清瘦了很多。我不知道这五年里蔚然经历了什么，但其中一定有很多我未曾见过的美好。她在博客中写下了这样的话："送别逝水，那里有我对你的思念。原来，你已经离开我很久了。"

现在,她对人生更多了一丝淡然。我问她,五年前你就那样把房子卖了,就没想过以后该怎么办?她淡淡一笑说,师兄去世后的五年里想通了很多事。在这个世界上,没有人能陪自己永远地走下去,他们都是匆匆的过客。有些路,终究要一个人去走;有些旅途,终究要一个人去完成。她说,卖掉房子的那一刻,她就告诉自己:从此,她的家是山川湖海。如今,她35岁。

但是,蔚然说,她最遗憾的就是没有和师兄要一个孩子,这成了她此生最大的遗憾。但是,她在起程后也明白了一个道理:既然此生无法像普通的女人那样相夫教子,无法在这世间拥有相爱的丈夫与孩子,以及爱自己的父母,那就去好好地爱这个世界,好好地爱自己。

女人,你是否想过,有一天,当你爱的人都离开自己的时候,你是否还有什么能支撑自己走下去的动力呢?当你将所有的情感都寄托在那些你爱的、也爱你的人身上时,你是否想过他们会有离开自己的一天?生命本身就是一场救赎的旅程,我们在这当中慢慢看到生活的本质,看到什么是爱、什么是死亡,以及时间与永恒。在这段旅程中,我们不断失去,不断放下,不断原谅,不断懂得。

杨澜曾经说过,远行是为了回归,自由是因为牵挂。蔚然说她的离开,是为了更好地回来。当她踏遍山川湖海的时候,才慢慢发现,原来人生是如此丰富多彩,才发现原来她的生活不是那么黯淡无光。因为心里有所挂念,有所爱,才更加懂得去珍惜,懂得珍惜那点滴的美好。

歌手顺子，是一位曾漂泊欧洲、亚洲、美洲的中国音乐家。顺子从小随母亲去了美国。那时的她，因为肤色问题，总是被美国孩子欺负。顺子的歌声中，涤荡着东西文化的差异，以及种族的冲击。她说，正因为童年经历的这些，才能写出更多的歌，而那些歌中洋溢着感恩与对故乡的思念。

顺子17岁时离开了母亲，一个人远赴欧洲求学。她在瑞士大约生活了6年，读书、打工、唱歌成了她生活的全部。为了支付昂贵的学费与生活费，她必须去酒吧唱歌，学会自力更生。这些经历，让顺子更能体会到人生的不易。她说自己特别喜欢海和山，希望退休之后，能找到一个有山又有海的地方。

24岁时，顺子又一个人来到了台湾，追逐并坚持着自己的音乐梦。她在经历了北京、美国、欧洲三种不同的文化熏陶之后，在漂泊了半个地球之后，依旧在寻找着属于自己的归途。她将所有的孤独与不安都倾诉于自己的音乐中，并最终得以释放。其实，在早年那些漂泊的旅途中，在经历了那其中的酸甜苦辣、经历了那不同的人世百态后，她早已经找到了自己的归途。

女人，你终究要懂得一个人的意义，终究要学会独自去走一段旅程。在山川湖海中，体会人生的意义；在山川湖海中，体会归途与牵挂。

尊重内心的每一次诉求

很多时候,
我们都被所谓的"重要"牵绊,
而信誓旦旦承诺的"以后",
早已成了遥不可及的明天。
亲爱的,
永远不要忽略内心最真实的声音。

现代女性都非常忙碌,不仅要照顾家庭,还要兼顾事业,而那些我们曾经有过的梦想和期盼,也就都这样遗忘在了现实的忙碌之中,只剩下无尽的期盼与等待陪伴着我们。是的,我们都曾信誓旦旦地告诉自己,以后会去实现那些梦想。却不知,所有的梦想都是在这种等待与期盼中被一点点儿消磨掉的,最终,自己的价值观也与世人日益趋同,活成了别人的复制品。

在朋友聚会的时候,小舒总是向大家描述着以后想要去做的事情。那些图景非常美好,让所有人都非常羡慕,只是她从来都没有实现过。有一次，小舒开心地告诉我们她办了一张健身卡，立志要练出马甲线，暴瘦到两位数体重。然而，当大家后来问她马甲线练得如何时，她却烦闷地说："最近工作真的太忙啦，回家还要做家务，哪有那么多的闲工夫健身啊！我现在还特别苦恼该拿那张卡怎么办呢。花了将近一万块！"我们所有人都表示理解，因为她确实挺忙的。然而，在接连又发生了一系列事情后，我们发现言不符实原来是她一贯的作风。

有一次，小舒打电话给我说："古茗，我下个月要休假，准备去欧洲旅行，你有什么想要我带的吗？"那个时候我特别激动，因为正好要买一款某牌子色号的口红。于是我问她："能不能帮我带×牌的995号口红？"小舒二话没说保证道："这事你放心。交给我保证没有问题。"又过了大概三周时间，我满怀期待地打电话问她有没有从欧洲回国。她漫不经心地跟我说："哦，那事啊，你怎么还记着呢？我早就忘了！每天那么忙，根本没空去实施那个计划。只要一放假，我就特别想睡觉。对了，我打算到年底的时候再实现我的宏伟计划，到时候我再帮你带口红。"那个时候我没有说话，心里想：也许，我永远没有机会看到我的995号口红了。

还有一次，小舒看到女友木木在朋友圈中晒出自己亲手设计、完成的工作室时，她羡慕不已，便大声地宣告要向她拜师学艺。后来，大家问小舒学得怎么样时，她尴尬地说道："哎，家装设计真的学不来，太难了。"

就这样，小舒所有的宏伟蓝图都被她所谓的"忙碌"一一打消了。这些所谓的"忙碌"就这样日复一日、年复一年地左右着她与我们的人生、思维方式、未来。等过了很多年后，当她及我们再回头看自己曾经忙碌过的事情时，却发现它们从未在生命里留下痕迹。

相比于小舒，女友木木就要洒脱、果断很多。还记得大学时，木木说她要开一家家装设计店，并成为一名时尚买手。当时大家都以为她是在开玩笑，觉得做艺术是养不活自己的。她当时并没有说什么，后来也没再说起过要做家装设计这件事。但是，大学毕业后，她并没有像大部分同学那样去找一个稳定的工作，而是去了一家装修公司做学徒。朋友们都认为她只是一时兴起，并不会做长久。可是令所有人没想到的是，两年后她竟然在朋友圈里晒出一组装修得非常文艺的店面照片，那是她新开的工作室。店里的装修文艺而温馨，休息区摆放着一个很大的书架，上面都是她的私人藏品，工作室的门口、窗台上都放着她亲手栽种的植物，以及她从各地淘来的藏品。

木木的工作室开业那天，我们都前去给她捧场。看着木木为朋友们忙前忙后的样子，我心里感慨万千。大学时期的木木是一个循规蹈矩的女孩，所以同学们都以为她会找一个稳定的工作，然后做个贤妻良母。然而，想不到她竟做出了这样的选择。

不过，家装工作室只是一个开始。在同学们为了房子、车子等现实问题累得焦头烂额，忘记生活的本质时，木木不慌不忙地打造着自己的小世界。她为工作室取名叫"释然"，这是一个专门为都市女性而打造的休闲活动场所。木木说她希望那些在这个喧嚣浮躁的世界里身兼数职、忙碌不安的女性，能够在这里找回自己丢失的那份"释然"。

在"释然"，木然会教大家一些家装中的小常识，并且让这些女性亲自参与到其中的一些小设计，同时，木木还专门为女性朋友开设了收藏课。她会告诉大家什么东西值得收藏，并且告诉大家藏品的内蕴和价值所在。木木会让她的会员都参与其中，将自己觉得可以收藏的东西拿出来，并附上一个故事。就这样，大家不断为小店输入新的藏品，并且传递动人的故事。这种开放式的经营理念，不仅让女性朋友缓解了压力，还让她们在互动的过程中找回了自我。很多人在提供故事的过程中，回想起了曾经丢失的许多美好。随着顾客的增多，"释然"的名气也越来越大。后来，经过顾客的口口相传，也逐渐有更多的女性朋友加盟到木木的"释然"中来。"释然"的成功，不仅是胜在它分享故事的互动模式，更胜在它是一个寻找自我的过程。

小舒和木木的故事告诉我们，亲爱的女性朋友，不要让忙碌的工作、柴米油盐、老公和孩子乱了阵脚，忘记自己曾经的梦想，更不要为了那些所谓的"忙碌"放弃本该属于你的人生。生命是一个体验与感知的过程，但这份体验与感知也要遵循内心的声音。

不褪色、不枯萎、永不老去

女人，愿时光赐福于你：
不褪色、不枯萎、永不老去。

生活总会遇到各种无常，而人生就像是一段段在寻找灵魂的救赎与回归的旅程，在不停地追寻着生命为什么开始，又为什么终结。每个女人都想自己的青春可以"不褪色、不枯萎、永不老去"，但却又不得不承认岁月不饶人。在我看来，有一种心态和情绪是可以让女人做到"不褪色、不枯萎、永不老去"的，那就是一直保持着独立和不妥协的心态。

宁凝是我认识的一位非常有个性的姑娘，一直保持独身。之前，她也曾谈过恋爱，甚至到了深陷其中不能自拔的地步。她和绝大多数姑娘一样，要么不投入感情，要投入就是全身心地投入。其实，这是一件非常危险的事情，因为这样的人往往很难逃离受到伤害的结局。宁凝便是如此，最终，她被那个人伤得遍体鳞伤。渐渐地，她开始明白一件事：在这个世界上，保持独立是非常有必要的，只有自己才是最可靠又可信的。

　　后来，宁凝开始通过工作去忘记那段感情。她成立了自己的工作室，变成了一位时尚买手。她创立了一个品牌叫"独"，意味着要保持一种"独立于世"的状态。为何要保持这种状态？宁凝是这样解释的："无论处于单身还是恋爱的状态，女人都应该'独立于世'，和世界上的任何人、任何事都要保持一定的距离。这个距离意味着空间和时间上的独立，可以让自己保持清醒，能够随时抽身，又能够随时回归。"

　　宁凝特别看重个人空间，认为每个人都需要保持孤独的状态，因为那样可以更多一些保持自我。就算再忙，她每天都会留下一段时间去独处。她说："独处不是不合群，而是可以给予我们足够的空间去思考自己到底想要什么。我希望每个女人都不要瞎忙，甚至因为是女人而放弃属于自己的东西。这些东西可能是你的梦想，可能是你的生活状态，也可能是任何你想要的东西。"

　　女人是很怕衰老的，也很经不起时间的摧残。你是否考虑过，当你的容颜不再，青春消逝后，还有什么是真正属于自己的吗？父母？丈夫？孩子？就算这些最亲密的人也不可能陪伴你一辈子。

　　但是，当你真正开始寻找自我的时候，你就已经开始被赐予"不褪色、不枯萎、永不老去"的祝福。这句祝福语源于电影《美丽佳人欧兰朵》。《美丽佳人欧兰朵》于1992年上映，由著名女导演萨利·波特拍摄，改编自弗吉尼亚·伍尔夫的小说《奥兰多》。影片曾被提名第66届奥斯卡最佳艺术指导奖、最佳服装设计奖，并获得第6届欧洲电影奖最佳青年电影。本片带有浓厚的幻想色彩,讲述了一位生活在伊丽莎白一世时期的贵族奥兰多,年轻时受到伊丽莎白女王的宠幸,并得到她"不褪色、不枯萎、永不老去"的赐福,从 1600 年起的 400 年间,奥兰多经历了各种奇遇和事件,甚至由男性变成了女性,最终成为 20 世纪一位独自抚养女儿的单身母亲。

伍尔夫的作品总是在探索着女性的生存和心理状态。在奥兰多漫长的生命中,他/她曾经得到了爱情、财富、地位、才华等人生所有的一切,但却又失去了这一切,只有女王的赐福最终成为现实——奥兰多穿梭于时光中将近 400 年,永不枯萎。当然,我们不可能真的像奥兰多一样永不枯萎,但是我们应该明白,女王的赐福真正要告诉我们的是:爱情、财富、地位、样貌等一切都会改变,离我们远去,只有独立的人格才是一个女人永不衰老的底气。

历经失去,奥兰多也曾失落、悲伤、彷徨,但是最终还是走了过去。电影中引入了莎士比亚十四行诗的第 29 首中的前四行:

> 我一旦失去了幸福,又遭人白眼,
> 就独自哭泣,怨人家把我抛弃,
> 白白地用哭喊来麻烦聋耳的苍天,
> 又看看自己,只痛恨时运不济……

诗歌向我们展现了奥兰多时运不济的处境,在遭受了爱情的失败后,奥兰多又投身于文学之中,希望可以在创作中找到自身的价值。但是，剧情又急转直下，当他满怀希望地将自己的手稿交给他资助的文学家看时，反而遭到了对方的嘲讽。但这种种打击并没有让奥兰多倒下，最终，她独自一人走了过来，真正达到了女王赐福的"不褪色、不枯萎、永不老去"。

  姑娘，不要再被什么"女人就该做个贤妻良母"之类的话所蒙蔽，并因此将自己捆缚于一个家庭，甚至完全依附于一个男人，别忘了，你还是你自己。当然，这个社会对于女性还是存在诸多偏见的，但这不正是我们更应该保持独立状态的理由吗？女人，不要让性别成为你人生的弱点，保持不妥协的状态，剩下的就交给时光，那么你终将会得到"不褪色、不枯萎、永不老去"的祝福与馈赠。

你有权成为掌控人生的女王

> 不要因为是个女人，
> 就限制了自己的潜能，
> 更不要因为内心的弱小，
> 就不断地规避风险。
> 生活是属于自己的，
> 你有权去主宰与掌控它。

很多时候，我们会因为自己是一个女人，便在无形中给生命中的诸多可能设下种种限制。更何况，规避风险总是要比迎接挑战来得更加安全。由于女性被赋予了孕育生命的职责，所以在面对工作与家庭的所谓矛盾与对立时，我们会选择让步与妥协，选择放弃自己的事业与梦想。

然而，也有这样一些女人，她们突破了"女性"这个词语的限制，成了自己人生的主宰者与掌控者。在这个弱肉强食的社会丛林中，她们不仅是其中的佼佼者，更是美丽与优雅的诠释者。在她们的字典里，没有眼泪和退缩，更没有软弱与彷徨，有的只是努力前行。其实，人生有诸多可能，是依附，还是掌控，都取决于女性自身的选择。

吴光美，一位深圳的80后女企业家，我叫她小美姐，她气质超群、优雅自信，在人群里绝对是闪闪发光的那一个。小美姐20不到就去深圳打拼，经过16载打拼，她早已练就一身钢筋铁骨，一个不惧风雨的眼神足以秒杀众多男性。

那年，她怀揣着梦想和兜里仅有的一百多元，孤身到了这座城市。刚到的时候，为了找工作，仅有的那点钱也被黑中介骗走了。她坐在路边大哭了一场后暗自发誓，这是最后一次哭，从今往后永远告别那个脆弱的小女孩，"成为强者"是她向这座城市许下的诺言。后来，她向亲戚借了50元钱，就再次踏上了那条艰难的奋斗之路。那段时间，她什么苦活和累活都做过，而正是这种最基层的磨砺才练就了她坚忍不拔的性格与品质。

现在的小美姐很随和，甚至有点儿不像一个成功的女企业家。她喜欢放权，相信手下可以干得更加出色。她很注重公司整体氛围的营造，并形成了以公平竞争为主的一大特色。她还定期在公司举行分享会，让所有员工分享生活与工作中的各种心得，不论是教育、娱乐，还是烹饪、时尚……她说："公司的员工就是我最亲密的家人，我希望能给大家营造一个更加舒适和愉悦的公司氛围。"

小美姐喜欢读书，不仅家中藏书颇多，还会定期带着孩子们去书城。她说："阅读能带给我更多的思考可能与空间，我需要以此来填补自身的不足，并开阔我的视野。"阅读早已成了她最大的娱乐，更成为她家庭文化的一部分。除此之外，她也喜欢弹钢琴、打太极、练习书法。她的每一天都过得丰富多彩，她也在一次次的尝试中突破着自身的极限。

人们常说，鱼和熊掌不能兼得，所以很多女性便心安理得地为自己无法兼顾家庭与事业找着借口，但是小美姐不仅做到了，更兼顾到了自己的爱好。她有一个美满的家庭，一个大儿子和一个小女儿，丈夫的生意比她做得更大。她会将晚上的时间留给自己的家庭，陪伴孩子成长是她最大的乐趣。当然，这也意味着她要比一般女性付出更多的时间和精力。

那天，我去拜访小美姐，她刚接练习大提琴的儿子回家。我原以为像她这样的女强人是没有周末的，但她说自己会将更多的时间留给家庭。六一前夕，小美姐带着我与她的一儿一女去听儿童音乐会。两个孩子都很可爱，像小天使一样惹人疼惜。出发之前，因为室外阳光那么热辣，所以两个小可爱争着给我选帽子戴上。尽管我无法戴上小女儿选的帽子，但心里的那份快乐与激动是不容否认的，心想小美姐教育得真好，一双儿女都是那么懂事、贴心、善解人意。

与这样一位女性相处是极其幸运的，因为她会让你更多地体味现实的残酷与美好，并提高你的辨识度。她会激励你，让你相信一切皆有可能，让你更相信奋斗的力量。你会看到自己的差距与缺失，并希望变得更加优秀，也将会挖掘出自身更大的潜能，去感知那份自己从未感知过的满足与美好。同时，我们也会不禁反思自己，反思到底是什么限制了自己人生的高度与维度。

我一直在问自己，现代女性到底应该具备怎样的品质。后来，我慢慢明白，女性最需要的是摆脱"女性"一词给自己带来的束缚,只有这样,才能放宽自己人生的可能,并更好地掌控人生,不失掉主宰自身命运的权利。当我们能够掌控自身命运时,我们将看到更广阔的世界,我们也将不再软弱,不再退缩。

  亲爱的姑娘,不要因为你是一个女人就限制了自身的潜能,更不要处处规避风险,让自己失去勇气和冲劲。生活本来就是一次冒险,更是一场又一场反转剧。在一次次反转中,我们变得强大无比,也慢慢懂得生命的意义所在。记住,女王的练就需要的不仅是时间,它还取决于你内心的选择。

第二章

坚强：如果不能抵御流年，那就温柔以应

> 那天，你本可以选择软弱，但还是微笑着选择了坚强。作为女子，面对生活的琐碎，不必逃避，不必退缩，以一个温柔的微笑，优雅绽放。

因为是女子,所以选择温柔

你那低首间的温柔,
像是一道光,
照亮了我来时的路。
你那举手间的微笑,
像是一阵清风,
给予我最坚定的信念。

一个女人的坚强,并非真枪实弹地与这个世界来一场厮杀。这样的厮杀只会造成另一种让人不喜的结局——变得面目可憎。我们总会看到一些上了年纪的女人,满脸都是岁月的沧桑,像是经历了太多腥风血雨的洗礼,面目狰狞。女人过了一定年纪后,灵魂深处的某些东西都会显现于面目之上。虽然她们一直在想尽各种方法留住容颜,殊不知容颜却在她们的抱怨与愤恨间一点点消逝。

现代社会对于女性实在有些苛刻,她们不仅要保持貌美如花,还要能追求事业有成,当然也不能放弃相夫教子。在这样诸多的压力下，女性难免会有情绪失控的时候。不过，上苍还赋予了女性一种专属的气质，那就是温柔。这世界虽冷酷，我却温柔以待——温柔正是帮助女性抵御时光摧残的最强大武器。但温柔并不代表着顺从，而是要将一切暴风骤雨化作和风细雨。

郑念女士正是这类女性的最佳代表。定格在照片上的那个满头银发、身着蓝色旗袍、微微一笑的美丽女性，最终用温柔的力量治愈了一切伤痛。虽然历经风霜的侵蚀，她却依旧那么美，眼神中透射出的那份慈悲与坚毅，折服了一双又一双驻留的目光。

郑念，原名姚念媛，1915年出生于北京，早年毕业于燕京大学，后留英就读于伦敦政治经济学院，又嫁给了同在英国留学的郑康琪。他们在英国完成学业后，一起回国工作。丈夫患病去世后，郑念继续在上海壳牌石油公司任职，直至"文革"爆发。因为曾经在英国留学，又长期在外商公司任职，她被抄家并没收财产，被当成英国间谍监禁在家中，时间长达六年半。在这六年半的时间里，她受到审讯、拷打和单独监禁等各种迫害，但却始终坚持自己是无罪的，坚持不卑不亢的态度。若不宣布她的无罪，并赔礼道歉，她甚至拒绝被释放。1973年，她被释放，却被告知在上海电影制片厂当演员的女儿于1967年自杀了（其实是被红卫兵迫害致死）。之后，郑念写了《上海生与死》一书，在英美出版，引起轰动。2009年7月，郑念去世，享年94岁。

看了这些经历，很难让人将郑念与照片上那位优雅、从容、淡然的女性联系到一起。当年一切的痛与泪似乎都悄然地被掩埋在了岁月中，而举手投足间的温柔像是一束光，照亮了前方的路。

再看看离婚后的邓文迪，作为传媒大亨默多克曾经的妻子，她尽享豪门阔太的无限荣耀。然而，在岁月的打磨中，她的面容已经不再舒展，却被无情的时光雕刻上了几分凶狠与凉薄。即使是微笑的她，眉宇和嘴角间似乎依旧隐约可见那"恨"意的存在。

有人说，当一个女人的内心足够坚毅时，她的容貌就越会日渐温柔、淡然；反之，内心越是脆弱、越是胆怯的人，就越要用强悍的外表来掩饰。曾经有一段时间，我对于任何事，都表现得非常强势、咄咄逼人，觉得那才是一个女人该有的强大，觉得唯有如此才不会被人欺负。但事实上，那恰恰是我内心软弱的反映。那时的自己，就是一个什么都看不惯的叛逆女子，总会在许多问题上和母亲争论不休。每次与母亲喋喋不休地争论过后，她都会让我照照镜子，让我看看当时的自己呈现出怎样狰狞、丑陋的一副面孔。是的，里面呈现出的是一张扭曲变形的脸，更是一张满脸怨恨、令人不敢靠近的脸。镜子中的面孔变得触目惊心，不再让人喜欢。我不禁慢慢惶恐起来，担心如果一直这么下去，到了40岁后，这张脸会变得怎样的不堪入目。

反观母亲，她的一生并不顺利，但她对任何事、任何人都一直存有一份温柔、慈悲与和善之心。后来，我渐渐地明白了她的警示。在成长的道路上，我们都想要变得更强大，以便能够独自承担生活的重担。但是，我们却忘了，在这条路上，我们并非要与世界为敌，而是可以对所有人、所有事都温柔以待。一个女性的力量也绝非是用什么"女汉子""哥""爷"这些称号包装起来,就能显得更加强大、更加震慑人心的,女人本性中的温柔,足以让我们更好地去面对这凉薄人世中的一切。

我们都曾想象自己哪天会成为一位盖世英雄,都曾想过徒手去斩断人世的一切罪恶与伤痛,却渐渐忘记了那句话——女人是水做的骨肉。女人,你天生便有水的柔性,为什么偏偏要用那不堪一击的泥土将自己包裹呢?这不是真正的强大,而是胆怯的另一种表现。真正的强大,就是在你知道自己的弱小后,依旧能够温柔地对待世间的一切悲苦;真正的强大,就是在你渐渐懂得人情世故后,依旧能够对曾伤害过你的人付以温柔一笑;真正的强大,就是在看尽世态炎凉后,依旧能够温柔地在风雨中前行。因为是女子,所以我们更该选择温柔地活着。

女人,你应该明白"相由心生"这个道理,更应该知晓温柔的力量。愿你的容颜不会在岁月的侵蚀中变得狰狞丑陋,愿你的美会在时光的雕琢下变得更加富有慈悲与温柔。

面对流言蜚语，浅笑嫣然

> 当遭遇流言蜚语时，
> 何不用你的，
> 浅笑嫣然，
> 去微笑着回击那些人？

作为一个女人，在这个虚拟的网络时代，该如何去面对他人的流言蜚语，甚至是陌生人的攻击呢？如何才能不被那些不负责的言论所伤呢？如何更坚强地站立着呢？这都是现代女性所会面临的问题。也许你觉得自己不是名人，那些谩骂似乎离你很遥远。但其实，那些看似遥远的事情却离我们这么近。

小薇是我的一个朋友，相貌突出、勤奋努力，工作几年后便上升到了一个令人垂涎的位置。但是，各种漫天飞扬的流言蜚语也随之出现了，甚至有人在公司的论坛里发了"公司薇某上位的惊天秘密"及诸如此类的所谓"揭秘"文章。此外，她每天都会收到一些恶意短信，有恐吓她的，也有谩骂她的,甚至还有扬言要打击报复的。那个时候,她每天都过得提心吊胆,甚至不敢看手机和电脑,最后又不得不关闭了朋友圈、删掉了全部微博。她每天晚上甚至都无法入眠,只能靠服用大量的安眠药来强迫自己休息。她说每天上班的时候,总感觉暗中有无数双眼睛想要将自己杀死,而自己就这样慢慢地被黑暗所吞噬。有一段时间,由于无法忍受这些流言蜚语,小薇甚至精神崩溃,不得不住进了医院。大家去医院看她的时候,她目光呆滞,完全没了曾经的光彩与自信。后来,小薇只好离开了那个曾带给她无数成绩、荣耀与痛苦的公司。

小薇就是一个被网络暴力围攻的受害者。她没有做伤天害理的事,也没有为博上位做出见不得人的事。只是因为自己的努力和勤奋,在取得了一些成绩后被某些"红眼病患者"伺机报复。更可恨的是,这些人竟不怀好意地点燃了众人的打击报复之心,也带给她噩梦般的可怕影响。面对这些没有缘由的谣言与谩骂,小薇最终选择了逃避。当时我问她,自己努力了那么久,就因为这些闲言碎语而放弃了一切,不后悔吗?她只是抽泣着说自己无力对抗这些言论,因为在谣言的散布过程中,她也渐渐怀疑起了自己,怀疑起了自己的能力,慢慢觉得自己与这个职位并不匹配。

我不禁叹了口气,小薇的经历不仅是这个社会的悲哀,也是她自己的悲哀。如果有些事情是注定要发生的,消极地躲避这些流言蜚语并不能将事情导向更好的一面,当然也不是应对困境的好方式。生活中总难免有太多的措手不及,你希望自己在还没来得及回应时,就被那些无形的魔鬼所击败吗?

袁姗姗的2013年，这365天的每一天，她都在遭受着网络中的陌生人的攻击，被黑得面目全非。因为参演了一部电视剧，而演技没有达到观众的预期，她就硬生生地被推到了舆论的风口浪尖。她也就这样从一个还在摸爬滚打的小演员，一夜间成了众人口诛笔伐的热门人物。那时，"袁姗姗滚出娱乐圈"的词条也成了微博上的热门词条，无论她说什么、做什么都能受到网友的各种攻击。但是，面对这些无端的谩骂，她没有选择"滚"。她说，在网络声中倒下，就要在网络声中爬起来。后来，当她被骂得小有名气时，她就想反正都是骂，与其害怕、恐惧，不如积极地去应对骂声。

一天，她在微博里制定了一条规则，只要是当天在她那条微博下留言的网友，无论是骂她的、鼓励她的，还是胡言乱语的，她都会捐出五毛钱。24小时后，留言一共有10万多条，她的捐款金额也达到了50693.5元。这些捐款用作北京一家残疾孤儿康复机构的手术费，救助了四位孩子。当她看着一个被救助的女孩终于能站起来走路的时候，心中的一切顿时都释然了。她告诉自己，谁都可以说自己不好，但她自己必须心安理得地接受那个不够美好的自己。

之后，她又选择了在空闲的时候去健身、拉琴，以忘却网络中的一切。再后来，她在微博里晒出自己的马甲线时，众人都惊讶了。她剪了短发，身轻如燕地去面对一切。她受邀登上了全球最大的TED演讲平台，与大家分享自己的故事。从被全民黑，到"马甲线女神"，她一步步坚强地走了过来，给深受网络暴力的人们带去了一份可能、一份力量。她说，希望更多的人能和她一样，主动从逆境中走过来。这个世界还有很多需要大家关心的事去做、需要关心的人去爱。袁姗姗的整个演讲不卑不亢、平和自信，引来了观众的阵阵掌声。

那么，正在看书的你，是否也和小薇、袁姗姗一样，曾经受到过流言蜚语的围攻呢？你是否又曾在那些谩骂声中迷失自己，甚至质疑过自己？女人，请相信自己，不是你不够好，也不要让别人的无端谩骂就否定了你的一切。没有一个女人生来就该遭受这些无端的谩骂，更没有理由接受这些无端的诽谤。当你遭遇围攻时，要做的就是积极地去面对，用微笑去回击那些人。只有坚强地去面对，才不会被黑暗所吞噬。你要相信，只要继续努力，时间终究会回击给那些人一记响亮的耳光。

失败，是上苍的馈赠

> 无论是失败还是挫折，
> 我们都不该畏惧和彷徨，
> 这都是上天的馈赠，
> 也终将成就我们的碧海蓝天。

人生不是一次短跑，而是一场更加漫长的马拉松，如果用一时的成功或失败去评判一个人，尤其是一位女性，那不仅是有失公允的，也有些太过草率了。有一种女人，她们不惧失败，在遭遇无数次失败之后依旧奋勇直前。"失败"对于她们来说已不再是困难的代名词，而是上苍赠予她们迈向成功的礼物。

2015年10月5日，瑞典卡罗琳医学院宣布，中国药学家屠呦呦教授与爱尔兰和日本科学家共同夺得2015年诺贝尔生理学或医学奖。这也是中国内地科学家首次获得诺贝尔科学奖，终于实现了中国本土科学家诺贝尔奖零的突破。但是普通人只看到了这表面的荣耀与快乐，又有谁会了解背后那长达44年的努力与等待呢？

44年前，也就是1971年10月4日，对年过不惑的屠呦呦教授来说是个值得记忆的开心日子。那一天，经过近3年对200多种中药的研究，历经380多次失败之后，她第一次成功地用沸点较低的乙醚在60摄氏度的温度下制取了青蒿提取物，并在实验室中观察到这种提取物对疟原虫的抑制率达到了100%。

也许成功就是这样的，总是姗姗来迟，并且总是会乔装成另一番面貌，在不经意间出现在你我的生命之中。这个众人口中的"三无人士"——无博士头衔、无海归经历、无两院院士称号——在后来的岁月中，用她的成果拯救了无数人的生命。终于，她在85岁的时候赢得了世界的肯定。

380多次失败意味着什么？这巨大的数字根本无法用语言去描述。很多姑娘也许经历了两三次失败就会意志消沉、郁郁寡欢；经历了五六次失败也许就该开始怀疑自己的能力，甚至怀疑人生了。这380多次实验不仅仅意味着380多次失败，更意味着380多次质疑、嘲笑与讽刺，甚至还有380多次要放弃的念头。可以想象，如果她在做到哪一次时突然放弃了，那么还会有最后的成功吗？还会有44年后的诺贝尔奖吗？我们不知道屠呦呦教授是如何用强大的内心抵御这380多次失败的压力的，但我们都知道，她最终交给了世人一份完美的答卷。

作为女人，在屡战屡败后，我们更要抬头挺胸地站起来，只有这样你才不会被卷入生命中那条被标记为软弱的洪流，你也才不会在这个以男性为主导的社会里轻易失去竞争力，也才能不放弃自己的尊严被那些轻而易举的成功所诱惑。

　　我大学时有一个女同学沐沐，不仅人长得漂亮，家境也非常优越。本有条件选择最轻松优渥生活的她，却在大四下半年选择了一条艰难的考研之路，这让所有人都非常诧异。在所有人都忙着找工作的时候，她一个人往返于教学楼、宿舍与食堂之间；在别的女生选择逛街、网购、参加聚会的时候，她选择捧着英语书一个人在天台上背单词。那个时候的她，褪去所有的光环，素面朝天、T恤牛仔裤，不再是众人口中的女神，转而成了一个追逐自己理想的女学霸。

　　不过，很可惜，她第一次考研失败了，没有考入理想中的学校。毕业后我们本以为她会就此放弃，回家去父亲的公司上班，但她倔强地拒绝了，而是选择了二战。大家都劝她，她家庭条件那么好，人又漂亮，根本不需要将精力放在考研上。她说，她不想自己的命运被安排，不想被周围的人看扁，更不想被人当成什么都不会的"花瓶"看待。一考失败，还能选择二战，这无疑需要强大的勇气和毅力，因为她必须顶着众人的冷嘲热讽，顶着众人的质疑，甚至她还要面临着再次失败的压力。但她的心态又是怎样的呢？后来她对我说，在她心里，那些根本就不是什么压力，而是一种动力。自己已经努力那么久了，为什么要在距离成功更近的时候，就因为别人说了什么就放弃呢？

　　那年，她在自己梦想的那所学校旁租了一间房子，独自一人踏上了考研的征途。她每天的作息很规律，学习10个小时，看书2小时，运动2小时，自己做饭。平日她很少出门，也很少有娱乐活动。她说，她用这一年看了比大学四年看的都要多的书，用这一年背了比大学四年背的都要多的单词，想想都觉得自己厉害。事实证明，这一年的独居生活给了她丰厚的回报。当拿到学校通知书的那一刻，她在网上记下一句：失败，是上苍的馈赠。她说自己很感激第一次考研的失败，因为失败，让她更懂得奋斗的意义；因为失败，让她更加珍惜这段默默无闻的日子；因为失败，让她成为更好的自己。

  女人，失败并没有你想象的那么可怕，可怕的是在失败面前，你丧失了那种曾经坚定的勇气和意志；可怕的是你从此一蹶不振，就此屈服于残酷的现实；可怕的是你被这个社会的某些潜规则所诱惑，踏上了那所谓的捷径。女人，你的人生不该败在某一次失败的脚下。

  女人，也许，你会经常有失败的压力；也许，你会遭受众人的质疑；也许，你会驻足不前；也许，你会不时在夜晚静静流泪……可是，失败过后，请忘记自己的这些弱点，忘记自己是个女人，不给软弱以任何理由，擦干泪继续前行，这才是人生最好的路，也是你最终打败失败的唯一之路。

  女人，你要相信，生命中的那些失败都是上苍的馈赠。请放下不安、彷徨、畏惧与犹疑，要相信，你终究会在岁月的打磨中成就自己的碧海蓝天。

你的字典里没有"脆弱"

请忘记你是一个女人,
请摆脱你身上的公主病,
请删除你字典中的"脆弱",
然后,请像男人一样
勇往直前。

"女人啊,你的名字叫脆弱。"不知道当年莎翁何以会在《哈姆雷特》中发出这样的感叹,或许16世纪的女性本身就与"脆弱"有着绕不开的干系。不过,对现今这个时代的女性来说,还是请将"脆弱"一词从人生的字典中删除吧。在这个提倡男女平等的时代,我们必须与"脆弱"划清界限,因为现实的残酷根本不会同情女性的眼泪。

希拉里·克林顿是一位非常强势的女性,她不仅有着美国前第一夫人的身份,也是美国下一届总统候选人。尽管外界对她的评价褒贬不一,但作为一名女性,她做到了足够强大,而且也具备了超越一般男性的领导能力。不久前,希拉里发表对ISIS("伊斯兰国")的明确态度——"土耳其、海湾国家必须选边,要么与ISIS战斗,要么入伙恐怖组织"。在她之前,很少有政客会公开捅破这张纸。是的,要么成为伙伴,要么成为敌人,只能二选一,没有中间地带可言。这是政治,更是战争,暧昧的态度只能将自己葬送。

希拉里出身于芝加哥一个中产阶级家庭。4岁时,有个霸道的小女孩总是欺负希拉里,当希拉里向母亲哭诉这一情况时,母亲却告诉她,自己回去勇敢面对,他们家容不得胆小鬼。或许正是这件事,给日后希拉里坚强的意志力和决断力奠定了基础。

比尔·克林顿在卸任总统时曾说过,如果希拉里不是第一夫人,在25年前肯定能成就一番事业,是他剥夺了她的事业。后来,希拉里参加了2008年的总统大选,虽然败给了奥巴马,但却被公认为是美国历史上第一位有可能当选的女性总统。2015年4月12日,希拉里正式宣布参加2016年的美国总统大选。

这里,我们不想从总统候选人的角度,去评价判断其政治理念的好坏,单从一名女性的角度来讲,她确实是非常优秀的、值得称赞的。在希拉里的字典里根本没有"脆弱"这两个字。她用自己的勇敢与智慧在男权主导的美国政坛拼出了自己的一片天地,做到了很多男性都做不到的事,也说出了很多男性都不敢说出的言论。她也是一个女权主义者,致力于为女性谋取福利。她说:"我们的女儿和孙女将面对我们现在想象不到的新挑战,可是我们每个人都可以为未来尽一份心力，我们可以为正义、平等、女性权利和人权大声疾呼，更可以站在历史的正确一边，不论风险，不计代价。"

殷殷是我的同学，也是一个坚强到几乎看不到"脆弱"的女孩。我记得大约就在高考前一个月，她的爸爸因为癌症晚期去世了。那时，同学们都害怕她坚持不下去，都担心她今年可能根本就参加不了高考，更害怕她会因为想不开而出什么事。但是，为父亲办完丧事后，她就直接回了学校。父亲的离世让她憔悴了很多，但并没有打倒她，也丝毫没有减弱她的战斗力。大家因害怕影响殷殷的情绪都变得小心翼翼，在做某些事情的时候都会考虑她的情绪。殷殷发现这一点后却非常坚定地说："我现在很好，请大家不要因为我失去了父亲而特别照顾我，也不要因为这件事而对我有什么改变。"她没有变得脆弱不堪，而是变得更加坚强。最终，她在良好的状态、坚定的信念下，考上了清华大学。

高考后，殷殷说那段时间她不仅要备战高考、面对父亲即将离开的事实，还要安慰母亲的情绪。在父亲离开的几个月前，她也曾一度崩溃过，不过最后还是挺过去了。她说："就算生活再艰难、再黯淡无光，都不能放弃。我知道我有我的责任，也知道必须要去承担某些事情，比如除了不能让母亲沉浸在失去丈夫的悲痛中外，还要考虑到，一旦我高考失利，那么她日后的负担会更加沉重。所以，我别无选择，只能坚强，脆弱只会让我们的生活更糟糕。"

殷殷上大学后，靠着助学贷款、奖学金和打工，自己担负起了所有的学费和生活费。后来，因为优异的成绩与突出的领导能力，殷殷又获得了哥伦比亚大学的全额奖学金。当时的她，只希望父亲能在天堂里安心，也希望自己能陪着母亲坚强地生活下去。现在的她，变得更乐观、自信、开朗，即使有再大的风浪都无法阻碍她前进的道路。

在这个时代，"脆弱"是姑娘们的天敌，是姑娘们时刻都该克服的弱点。或许，在家里，你有宠爱你的父母和老公，可一旦进入社会，你就已经成为其中独立的一员，公主病是无处容身的。你的上司不会因为你是女人就减少你的工作量，或是给你升职、加薪。在他们的世界里，只有胜任和不胜任，只有权衡利弊。作为员工的你，只能忘记自己是个女性。女人，请删除你字典中的"脆弱"，然后，勇往直前。

驱散阴霾，微笑向暖

> 生命中没有永远的困顿，
> 一切阴霾都会被暖阳驱散，
> 一切痛苦也都将化作过往云烟，
> 我心中每天开出一朵绚烂的花。

面对人生中的繁华与落寞、困顿和挣扎，不必悲伤，也不必彷徨。当一切都烟消云散后，我们终将看到生命的本真，领悟生活的意义。在那段没有阳光的日子里，请微笑面对，在心中每天都开出一朵绚烂的花儿。

生命的意义到底是什么？我们的人生为何要遭遇沉浮？为何厄运会降临在你我的生命之中？我们会感叹，生活如果一帆风顺该多好。可是，如果生活真的是彻底平顺的，我们又何从去体会阴霾笼罩后阳光的璀璨与温暖呢？

"不要问自己世界需要什么，问问是什么让你精神抖擞地活着，然后就去做，因为世界所需要的就是一个个朝气蓬勃的人。"这是美国名嘴奥普拉·温弗莉在哈佛大学演讲时说的一段话。奥普拉是一位充满热情与朝气的黑人女性，用自己独具特色的方式打造了著名的《奥普拉·温弗莉脱口秀》。通过安慰、激励的方式，她将很多人从深受心灵折磨的压力中解救出来，治愈了那么多受伤的心灵。她身兼数职，不仅是名嘴，还是制片人、董事长、演员。在美国，她有着惊人的影响力："奥普拉法案""奥普拉读书俱乐部""奥普拉杂志""奥普拉天使网站"……同时，她也是美国第一位黑人亿万富翁。然而，这样一位振奋了无数人的女性，却有着一段异常沉痛的过往。她的父母在未婚时生下了她，之后便分道扬镳，她被扔给了外祖母照顾。6岁起才跟母亲一起生活，在她9岁时，被表兄侮辱强奸，后来又受到好几个亲戚的虐待。在13岁的时候，她离家出走，第二年怀孕，孩子生下没多久就夭折了。她行为出格，总是与母亲吵架。母亲受不了奥普拉，打算将她送入管教所，可是由于床位满了，她被拒之门外。奥普拉继续和同伴们鬼混，抽烟、喝酒、吸食大麻，越陷越深。最终，母亲在无计可施的情况下，把奥普拉扔给了她的父亲。

是父亲，让奥普拉的人生有了转机。在父亲的教导下，奥普拉改头换面，并接触了演讲。在1971年，奥普拉成为"那斯威尔防火小姐"，同年又戴上了"田纳西州黑人小姐"的桂冠。翌年，她进入田纳西州州立大学主修演讲和戏剧。之后，奥普拉在演讲这条路上越走越远，成了美国著名脱口秀节目主持人，而她的访谈节目让数以万计的观众为之倾倒。

奥普拉的童年是不幸的，然而她又是幸运的。在后来的人生道路中，她没有沉溺在童年的悲痛中，而是积极乐观地面对自己的过往。在她的节目中，她是坦荡、真诚，愿意与大家讲述曾经的悲惨遭遇，因而也让观众为之动容。

"你闻到我的气息，我听到你的叫声。你知道我在流泪，我知道你在焦急。我们如此接近，又如此遥远。但是不要怕啊，不要怕！我们的心中即将开出一朵美丽圣洁的花。"几米在那幅《心中的花》的漫画旁写下了这段文字。在漫画中，主人公被压在地震后的废墟下，而一只小狗正在废墟上寻找他。这温暖而具治愈力的文字像是生命中的一泓清泉，暖暖流入读者的心间。这幅画收入了几米的画集《我的心中每天开出一朵花》中。后来我才知道，那时的几米正与血癌在做斗争。这种情况下，还能每天在心中开出一朵花，该有多么强大的勇气，态度又是多么乐观。这幅画似乎在告诉我们：无论何时，无论遇到什么，再难都要积极地去面对生活。生命中没有永远的低谷和苦痛，一切阴霾都会被暖阳驱散，一切痛苦都将化作过往云烟。等度过了最难熬的时光后，我们就会发现：人生的旅程是多么绚烂和精彩。

在我们的人生中，都不免会有一段没有阳光的日子。在那段阴霾笼罩天空的日子里，我们看不到前进的方向，更没有奔赴未来的动力。你也许会自怨自艾、怨天尤人、自暴自弃……只是，在你颓废堕落的时候，请想一想还有很多比你更悲惨的人在积极地面对生活。他们不仅坚强地抗争着，更能每天在心中开出一朵美丽绚烂的花。

女人，也许现在的你正处于困顿中，苦苦寻找救赎的良方；也许你正深陷泥淖之中，无法自拔。可是，无论如何都请坚强地面对这一切，要相信阴霾总会被驱散，温暖的阳光总会到来。你需要的不是哀叹，而是微笑着和困苦道一声好，然后和它挥手作别。日后，你会发现它们只是你人生道路上的一段小插曲罢了，根本无足轻重。愿你的生命中每天都能开出一朵绚烂的花，以应这世事无常。

第三章

梦想：如果浮生是一场梦，那么就将它做尽

那天，你拾起曾经的梦想，小心翼翼地擦拭。作为女子，精心呵护自己的梦想，面对质疑与嘲讽，脚踏实地，静候绽放。终有一天，你会为自己戴上王冠。

生命因喜欢充满无限可能

"喜欢"是一种生活态度。

因为喜欢,

所以对生活有所期待;

因为喜欢,

所以生命充满无限可能。

人生短短几十载,所以我们应该加倍珍惜可以触碰到的一切。对生活,我们应该更多一份"喜欢",这样,心中将每天都有所期待。

无论是对工作还是感情,姑娘们都应该问一问自己:"我喜欢这件事吗?""我到底为什么做这件事?""我的生命到底还有多少可能性?"如果你的回答是"不喜欢""不知道""没多少",那么就该好好反思一下自己的生活了,也该反思一下你到底在多少无谓的事情上浪费了多少时间和精力。

人,尤其是女人,对于人生的规划,更应该忠于内心。这个社会对女性本来就是偏见大于公正,所以我们更应该谨慎规划自己的未来。

在职业的选择上,我建议女性要找一件自己喜欢且擅长的事情去做。从开始喜欢,到慢慢熟练,最终将它变为自己的专长。此后,这件事便慢慢成为你生命中的一部分,甚至成为可以支撑你走下去的动力。

在我的身边,有一群超级喜欢电影的年轻女孩。她们或者跑过龙套,或者默默无闻地做着幕后工作。在一线城市里,她们蜗居在合租房里,每天要在路上花费很久的时间才能到单位。当被问到累不累的时候,她们总是淡淡地笑着说:"因为喜欢。"

正是因为喜欢,所以再小的居所、再漫长的上班路程、再低的工资都已经不是问题。在我看来,"喜欢"可以让我们的人生充满诸多可能,甚至挖掘出我们身上被掩盖的潜能。

读硕时期,有个女孩是研究陀思妥耶夫斯基的。对于俄罗斯文学,我一直保持着敬畏的态度,甚至有些害怕。不仅因为小说烦琐的名字让人记不住,更因为有些理论着实晦涩难懂。然而,这个女孩从大学时期就喜欢俄罗斯文学了,尤其是陀思妥耶夫斯基的小说和理论。虽然这让我根本无法理解,但还是从心底里佩服她。

后来,我听说这个女孩子因为特别喜欢俄罗斯文学还专门学习了俄语,这对于中文系的学生来说是很少见,也很不容易的。平时,她也不像其他同学一样去做家教,或者去实习,只是一心一意埋头专攻俄语和俄罗斯文学。

毕业前夕,当所有人都为工作忙得焦头烂额时,她却从容无比。原来,她已经收到一家知名翻译公司的 offer,顿时所有人都惊呆了。大家都觉得不可思议，平时没见她出去实习，也没见她怎么找工作，怎么这么快就找到这样一份好工作？因为能进那家翻译公司的几乎都是外交学院的学生。

其实，一切都源于她喜欢，所以也让这一切都那么顺利。因为喜欢俄罗斯文学，所以她在不断突破自己的俄语，并且不断地尝试做一些翻译工作。一开始，别人并不信任她，觉得她不是科班出身。然而，她说不要劳务费，也不要署名，只希望能给她一次机会。无论是翻译简单的文案，还是小说，她都做得很认真，很努力，慢慢地从生疏变得熟练。随着时间的推移，她得到了公司里专家的认可，也渐渐有了稿酬和署名。最终，因为翻译了许多重量级作品，许多公司向她伸出了橄榄枝，包括顶尖的翻译公司。

也许你所学所用，与自己所喜欢的不同，遇到这种情况，也不必纠结。你可以在现有的工作中慢慢挖掘出一个小小的领域。这个领域是和你喜欢的事情息息相关的。如此一来，工作和喜欢也就自然联系了起来。

很多女孩子心中会顾虑，只考虑自己的喜好，结果会选择一种没有保障的生活。不过，若我们真的从心出发，淡化外在的某些条条框框，冲破潜在的限制，自然才能发现生命中更多的可能性。

希望每个女孩子都能坚持心中的喜欢，让生活中的一切都成为可喜之事。因为喜欢，所以再苦再累都能够忍受；因为喜欢，所以生活中的一切都成了可期待之事；因为喜欢，一切皆有实现的可能。

浮生就是一场该做尽的梦

> 浮生就是一场梦。
> 在梦想的旅程中，
> 我们总是被嘲笑和质疑。
> 然而，就算被伤得遍体鳞伤，
> 我们都该坚持将它做尽。

很多女孩子都在挣扎与徘徊，都在寻找一个可以栖息的港湾，能够立足，可以成为更好的自己。一个女孩如果能够做自己喜欢的事，那她的心一定不会孤单和彷徨。梦想是我们心灵最好的栖息之所，如此它便不再是流浪的状态。

在电影《中国合伙人》中有这么一句话："梦想是什么？梦想就是一种让你感到坚持就是幸福的东西。"不知道当你听到这句话时，是否还会心头一颤。在我看来，梦想就是那些你想要实现却还暂时无法实现的事情。这些事你不敢说出口，因为害怕被人嘲笑；这些事你不敢去尝试，因为并不容易成为现实；这些事你暂时还不能去做，因为你还没有生存和立足的资本,可以去任意妄为、放手一搏。

如果浮生是一场梦,那就努力去将它做尽。三毛曾说:"一个人至少拥有一个梦想,有一个理由去坚强。心若没有栖息的地方,到哪里都是在流浪。"因为心中有梦,所以在面对生活中的世事无常时会有所期盼,所以无论身处何方、无论去哪里流浪,都是一场灵魂的救赎与回归。

姑娘,也许你曾经梦想成为一位舞蹈家、一位音乐家、一位演员、一位画家……可是这一切和你父母的意愿是相违背的,和周围的价值观也是相违背的,同时你的家庭条件也根本不足以支撑你去追寻自己的梦想。从古至今,艺术这件事本来就是富人们闲来无事、茶余饭后的消遣。后来,你为了不再给父母增添负担,为了不再让他们感到压力,最后放弃了曾经天马行空的想象,放弃了曾经留存于心的那一点小美好。

现在有很多文章都会说,在你根本没有办法生存的状况下,有什么资格去谈梦想?有什么资格去做那些赚不了钱的事?于是你开始慢慢清醒,原来这就是现实,这就是普通人和有资本的人之间的距离。后来,谁再跟你谈梦想的时候,你只是笑而不语,将那些梦小心翼翼地藏在心中,甚至寄托在自己孩子的身上。

姑娘,即使你放弃了你的梦想,那也无可厚非,因为你有权利这么做,你们都是应该被善待的好姑娘。不过,在这里我并不希望用一种悲观和被动的态度去应对这一切。其实,你无非是害怕将自己的一切都押进一场看不到未来的豪赌中。的确,没有稳定的住房,没有稳定的收入,错过结婚和生育年龄都是别的家长教育女儿的反面教材。可是,如果你连尝试都没有去尝试，直接选择了一种稳定、安逸的生活，几十年以后再回想时不觉得遗憾吗？

我还记得 J.K. 罗琳在哈佛大学的演讲中说，她生在一个普通的家庭中，而她一直深信写小说是自己唯一想做的事情。不过父母认为她这种过度的想象力并不是什么好事，根本无法让她支付按揭，或是支付养老金。父母曾经希望她去拿个职业学位，不过她想去攻读英国文学。后来父母妥协了，但条件是她必须把专业改成现代语言。不过等父母走后，她立刻放弃了德语专业，选择了古典文学。也许直到毕业典礼那天，父母才发现这件事。她说父母也许认为，在全世界所有的专业中，不会有比研究希腊神话更没用的专业了，因为根本无法为她换来一间独立而宽敞的卫生间。

她说自己曾经也害怕失败，并且那时也的确很失败。在一场短暂的婚姻后，她成了单亲妈妈，外加失业，让她的生活举步维艰。也许除了流浪汉以外，她是英国最穷的人之一，一无所有。她说，曾经父母的担忧都成了事实。不过，这一切都没有打倒她。相反，她非常感谢那段非常失败的时光，因为那意味着自己剥离掉一切不必要的东西，不再伪装自己，从而将所有精力放到对自己最重要的事情上。如果不是因为没在其他领域中成功过，她就不会在属于自己的舞台上树立坚定的信念和决心。

乔布斯曾说："专注和简单一直是我的秘诀之一。简单可能比复杂更难做到：你必须努力理清思路，从而使其变得简单。但最终这是值得的，因为一旦你做到了，便可以创造奇迹。"

在这个时代，我们会面临诸多选择，也会考虑更多复杂的问题。正因为太多忧虑，我们才会越来越偏离曾经的梦想。反而是当我们失去一切、一无所有的时候，才是真正面对内心的时刻。因为已经跌落谷底，所以不再害怕失去；因为一无所有，所以勇往直前，不惧失败；因为心之所向，所以更加专注。

姑娘，实现梦想的过程本身就是一段孤独的旅行，受到质疑和嘲笑也在所难免，可那又怎样呢？无论被多少人否定和质疑，你都有做梦的权利，哪怕遍体鳞伤，那又如何？因为有梦，前路再艰难，命运再坎坷，你都无所畏惧。

质疑,不该成为前进的绊脚石

在一次次质疑中,
我们成长;
在一次次质疑中,
我们发现自己存在的价值和意义;
在一次次质疑中,
我们肯定自己、坚定信念。

姑娘,当你面对质疑声的时候,是否会怀疑自己的选择?是否会因此放弃那个被你小心翼翼呵护着的梦想?其实,你并不用理会那些质疑声,更不要在质疑声中停滞不前。那些质疑你的人,也正是害怕你的人。他们只能永远在质疑中去寻求一种自我安慰的良药,在质疑中突显自己的伟大和成功,却全然不觉那只会让他们显得平庸与无知。

姑娘,不知你面对质疑的时候会不会有一丝动摇?也许一两次质疑并不会让你改变初衷,但是如果是一百次、一千次质疑呢？你还能坚持自己的坚持吗？人都是脆弱而平凡的，不是铜墙铁壁，也不能抵御洪水般的质疑。最终，有的人放弃了，但还是有很多人在被质疑了一千次后走到了最后，成为更好的自己。

前一阵林志玲登上《精彩中国说》的舞台，用她甜美的娃娃音慢条斯理地讲述着出道以来的各种经历。对于娃娃音受到质疑这件事，林志玲开始也会疑问自己，也会试着去改变。不过有一次她在机场，一位阿姨听到她的声音时认出她的时候，她发现娃娃音是一个提高辨识度的特质。她想自己为什么要浪费上天赐予的这种特质和独一无二呢？最终，她还是选择了留下这份特质。林志玲用行动告诉所有人："我何必因为他人的言语左右自己的前进？"

林志玲自30岁出道以来就饱受众人的非议，但她面对这些议论依旧保持着一贯的优雅与微笑。她没有去争辩什么，也没有因此放弃自己的梦想，而是一步一步地朝着自己的梦想前行。现在她40岁了，而上天似乎也待她特别宽容，几乎没有让岁月在她的脸上留下一丝痕迹。

在这个越来越功利化的经济时代，恐怕每一位选择文学、历史或哲学等人文学科作为自己专业的同学都曾遇到过这样的质疑：你学习文科将来能干什么？学习这些没用的东西以后能找什么工作？你难道不应该去学点儿对以后找工作有帮助的东西吗？除了这些质疑声外，当然还有很多否定的声音：不要再这么执迷不悟了，去换个专业吧！理想是美好的，但现实是残酷的，你要好好想清楚！

朋友，当你被这些质疑声所淹没的时候，大可不必太过在意或去理会，轻轻给予一个礼貌的微笑就好。那些声音只是你所身处的大环境的具象化表现，而你应为自己的执着感到骄傲，因为你在实用主义声势浩大的浪潮中，依旧留守最后一丝对生活的美好期盼。

还记得在电影《死亡诗社》中有句话："我们读诗、写诗并不是因为它们好玩，而是因为我们是人类的一分子，而人类是充满激情的。没错，医学、法律、商业、工程，这些都是崇高的追求，足以支撑人的一生。但诗歌、美丽、浪漫、爱情，这些才是我们活着的意义。"在这个世界上，正是那些被人们说起来无用的东西才成了我们的梦想，成为支撑我们前行的力量，帮助我们塑造一个人的精神和人格，给予一个人坚定的信念，去面对生活中的风浪与沉浮。

其实被质疑也是一次提升、证明自己的机会。当你被认可与赞誉包围时，其实是处于一种被保护的状态，而这并不利于你前行。当你受到越来越多的质疑声时，其实也正是你在慢慢地被更多人认可的过程。试想，如果你无关紧要，如果你普通平凡，那么也不会受到越来越多人的质疑。所以，请积极地去面对质疑声，将一切质疑声都转变为肯定，最后你才会真正超越自我。

当然，面对质疑声时，你可以怀疑自己的选择，也可以去做一些改变，但请不要因为质疑声否定自我的价值，也不要因为质疑声迷失了方向，或者否定自己的人生。你的人生可以有很多种可能，无论你做什么，都不可能一辈子得到肯定，也不可能一辈子风平浪静。人生本来就是在一次次质疑中成长，在一次次质疑中发现自己存在的价值和意义，在一次次质疑中肯定自己、坚定信念。

当过了很久以后,我们再回想起曾经受到的质疑时,不觉感慨万千。因为被质疑,有的人离开了,有的人坚持了,有的人动摇了,有的人……感谢曾经的质疑,感谢曾经的不被认可,感谢曾经的轻视,感谢曾经的否定,感谢曾经的……只是,回想这一切我们不再困惑、不再迷茫、不再痛苦,也不再情绪起伏不定,最终我们成了更好的自己。

出发，任何时候都不晚

> 我们害怕失败，
> 所以总是瞻前顾后；
> 我们担心太晚出发，
> 所以总是迟疑不定。
> 就这样，我们错失了最宝贵的机会，
> 一生也便过去了。

曾经，我们有多少美丽的梦想，最后都在现实的慌乱不安中慢慢消散；曾经，我们立志时的信誓旦旦，最终却因胆怯成了言而无信；曾经，我们本可触手可及的梦想，终究还是因为犹疑不定变成了遥不可及的空想。

叶芝在《凯尔特的薄暮》中说："奈何一个人随着年龄增长，梦想便不复轻盈；他开始用双手掂量生活，更看重果实而非花朵。"长大后，我们渐渐失去了曾经的勇气和一根筋。不是我们无法办到，而是因为我们害怕太晚出发，害怕被如潮的人海淹没。于是，在踟蹰不前中，我们平庸地度过了一生。

我还记得大学时期有位女老师，大概30出头，治学严谨。我们都叫她丽丽老师。她说自己大专毕业后就一直留在农村教书，6年后她开始寻求改变，不想一辈子就这么度过。她努力复习，通过专升本的考试，之后又考上了硕士研究生。当然，这并不是结束，而是开始。因为她严谨、踏实的治学态度，以及自身在专业领域颇深的造诣，她又通过了博士生考试，直至后来留在大学里任教。

她说，那个时候周围的人都反对她再读书，觉得女孩子学历那么高没有什么用，最后忙活了半天还是做着普通的工作，拿着普通的工资，结婚生子。她没有理会这些，只是抛开一切孤军奋战。在大学时期，她一直鼓励我们要多读书、多努力，不要将大学的时光虚度，更不要相信什么读书无用论，因为读书可以为你的人生带来更多转变。

姑娘，如果你的家境普通，没有背景，拼不了爹；姑娘，如果你的相貌平平，遇不到贵人，拼不了干爹；姑娘，如果你身边没有一个对你死心塌地的伴侣，能替你撑起一片天……那么，请脚踏实地地去努力、去拼搏，唯有这样才能改变自己的命运。在这个世界上，无论何时出发，只要你愿意，最终都能抵达想要去的地方。

前不久在《财富》发布的2015年"中国最具影响力的25位商界女性"排行榜中，老干妈风味食品有限责任公司董事长陶华碧排名第22位。谈到陶华碧这个名字，也许很多人还比较生疏，但提到老干妈时，你肯定会恍然大悟道："原来是她。"在中国人的餐桌上，老干妈辣椒酱是佐餐的必备。不过，你肯定不知道42岁还在卖凉粉和冷面的她，49岁决定重新开始自己的人生。姑娘，看到陶华碧的经历后，你一定不会再用年纪来作为自己忧虑的理由。

1947年，陶华碧出生在贵州的一个偏远山村里，没有上过一天学，只会写自己的名字。在1989年42岁的时候，陶华碧用自己省吃俭用的一点钱，加上四处捡来的砖头，在街边搭了个棚子，取名叫"实惠餐厅"，专门卖凉粉和冷面。在这个过程中，她制作了拌凉粉的辣椒酱，没想到生意越来越红火。因此，她看准了辣椒酱的商机。经过几年的尝试，她的辣椒酱风味越发独特。在1996年，陶华碧办起了辣椒酱加工厂，那个时候她49岁。经过多年的努力，老干妈辣椒酱便开始风靡全国，远销海外。在美国，奢侈品电商Gilt甚至把老干妈奉为尊贵调味品。

试想一下，在绝大部分女人退休的年纪，陶华碧重新开始了自己的人生。在所有女人担心迟暮、年华老去的年纪，陶华碧重新燃起了生活的斗志。她不怕苦与累，亲力亲为地成就了自己的辣椒酱王国。她亲自切辣椒、捣辣椒，被辣到眼睛流泪，十个指甲被钙化。她的公司不融资、不上市、不做广告、不炒作，就凭着自己产品的实力独行天下。年近50岁开始创业，而今68岁的陶华碧，身价70亿。她5年累计纳税22个亿，提供了4100个就业岗位，带动了800万人民致富。

在那段孤独打拼的日子里，老干妈辣椒酱成了许多人独自吃饭时的必备。不知道有多少人，无论身处何地，都会去当地超市的调味品区寻找老干妈的身影。当你看着瓶子上陶华碧年轻时的照片，朴实、真诚，眼中透着一丝坚毅，以及对生活的不屈服，你可曾想到这个女人是年近 50 才开始出发呢？她有没有畏惧、有没有恐慌呢？可能有，也可能没有，但可以肯定的是，她没有让它们影响自己，而是铆足了劲一直向前冲，最终才获得了成功。

姑娘，请淡化年龄和时间的概念，因为这根本不是阻止你前进的理由。

亲爱的姑娘，你总是瞻前顾后，无非就是害怕失败；你总是迟疑不定，无非就是担心时机太晚；你总是焦虑，无非就是恐惧别人的眼光，恐惧被人否定，惧怕此生成为最平凡的人。时间也就这样被消耗在这些无关紧要的忧虑中，一生也便过去了。

静静努力,优雅绽放

> 是的,那些年,我们一无所有。
> 仅凭一腔热血,
> 以梦为马,执剑走天涯。
> 不过,这也是华丽转身的开始:
> 静静努力,优雅绽放。

是的,那些年,我们一无所有,却仅凭一腔热血,以梦为马,执剑走天涯。是的,在这个时代,我们都是摸爬滚打的小人物,但都怀揣着一颗英勇且无所畏惧的心,相信凭借自身的努力就能成为时代的英雄,过上梦寐以求的生活,成为最好的自己。我们都希望变得独立、坚强,在遇到生命中的另一半时,可以挺直腰板,不让自己因金钱而低人一等,让自己可以为了爱情而非面包走进一段婚姻。这一切都是我们努力的动力,也是我们坚持的理由。

身边很多人都会给我们浇上一盆冷水:亲爱的姑娘,还是早点儿清醒过来吧,梦想终究是梦想,在现实面前一文不值。

是呀，对于普通的女孩子来说，没有显赫的身世，没有过硬的人脉关系，没有高颜值、高学历，就想赤手空拳地在这个男权主导的世界里打拼？就想和权势抗争？真的好傻、好天真。不过，还是有很多姑娘在默默地抗争。

小禾是一个柔弱的女孩子，家境还说得过去。大学毕业的时候，她做出了让所有人大跌眼镜的决定：去乡镇做村官。女友们都惊呼她头脑发热，疯了。小禾本可以找一份清闲的工作，享受着生活，但她毅然放弃了。那三年，她去了基层，每天风吹日晒，磨砺自己的意志力。

当其他女孩子在逛街、游玩、享受美食的时候，小禾却在基层默默地打拼。大家都疑惑，为什么要将大好的青春奉献在基层里。小禾没有将这个决定描绘得多么伟大，只是简单地回答了一句："趁年轻的时候，我还想做一些事情。"就这样，三年过去了。有一天，小禾找我："古茗，我考上市里的公务员了。"那个时候，我突然明白了小禾所做的一切努力。其实，小禾每天除了在乡镇忙一些琐碎且基本的工作外，她晚上还坚持复习公务员考试。她说："其实，毕业前我就在考了，但分数和现实还是有差距的。之后，我就想先去做村官吧，这样对公务员的题目有更加深切的认知。这三年，我考了三四次，最后终于考上了。那段时间我也很迷茫，不知道当村官三年后会去哪里。"虽然小禾那么轻描淡写，但一切压力只有她自己知道。

去了市级机关的小禾更加忙碌了，很少见到她在朋友圈的足迹。人生中，很多事情都在意料之外，但又在情理之中。过了大概一年的时间，小禾突然告诉我："古茗，我考上北京一所高校的MPA（公共管理硕士）了。"当时我惊讶得说不出话来。我说："你平时都那么忙了，怎么还有时间复习的？"她慢条斯理地说："可以利用晚上大把的时间啊。其实，当时我也在思考到底要不要考，而且我跟几个同事都商量好了一起去读书的。不过，最后她们都放弃了，就我坚持下来了。"我还有一丝忧虑："那你周一到周五上班，到了周末要去北京吗？"她笑了笑："对呀，就是会累一点。我打算周五下午坐火车去，过一夜就到北京了，然后周一上午就能回来了。放心啦，也不是每周都要去的。其实，我就想趁年轻多充充电，提升自己。不然，年老时我一定会后悔的。"当时我就在心里说："小禾，你真的很棒。我从心底里佩服你！"

为梦想而奋斗是一个非常美妙的过程。许多年后，我们会发现那是生命中最美好的时光。为了省钱交房租，我们变得精打细算，不再乱买衣服和化妆品，选择性价比高的商品，学会了做饭、做家务，学会了克制。每当父母打电话过来说，"宝贝，一个人在外，千万不要省钱饿着自己，要好好照顾自己"时，尽管一直推辞不需要他们的帮助，但他们依旧给我们打来钱时，我们的眼睛酸酸的，暗暗发誓：为了他们，什么委屈都可以承受。咬咬牙，我们依旧是那个光彩照人的自己。后来，站到体重秤上才发现，原来我们已经可以不需要通过节食就能轻松保持两位数了。这个时候，不知道是该哭还是笑。那段时光，真的穷得只剩下了快乐。

生活就是如此，催促着我们前进。尽管那些姑娘可以选择安逸的生活，但我们的心中还是有太多未完成的梦想。没有哪个姑娘生来就是公主，但我们可以成为人生的女王。后来，当我们看着招聘广告中"只招男性"的时候，嘴角上扬，轻蔑一笑：这种地方，不去也罢。我们是渺小的，但在打拼的路上变得伟大。

是的，当到了一定年纪后，我们不得不承认岁月不饶人，不得不屈服于现实，然而，当我们回想年轻时的颠沛流离、居无定所时，一定会骄傲地昂起头。我们人生的目标在奋斗的过程中变得充实丰盛，我们生活的姿态在拼搏的旅途中变得优雅，我们生命的意义在坚持的过程中得以延展。

没错，我们就是一群普通而平凡的女孩，没有优越的家庭条件，没有超出他人的姿色，没有过人的学识，没有……是的，现实对于我们这些摸爬滚打的小人物来说就是这么残酷和无情。是的，很多东西我们都没有，但我们有持之以恒的信念和决心，我们有着屡战屡败、屡败屡战的毅力，我们就是要赤手空拳地去闯天涯。

亲爱的姑娘，生活不会辜负我们曾经流下的汗水，更不会辜负我们的一切努力。一切艰辛与困难都会成就一个闪闪发光的自己。就这样，我们变得英勇无畏，不再患得患失；我们变得积极向上，不再自怨自艾、孤芳自赏；我们变得谦卑宽容，不再计较生命的无常。最终，我们懂得感恩，感谢生命中的一切相逢与离别。

看过最黑暗的现实，才能见到耀眼的阳光

欲戴王冠，必承其重。
你必须看到最黑暗的现实，
才能见到最灿烂耀眼的阳光。

苏轼在《水调歌头·明月几时有》中说过"高处不胜寒"，而这五个字也随着时间变成了有经验者警示世人的话。不错，高处是不胜寒，但是登高才能望远，高处的风景也真的很美。当你攀登到高处时，随着视野的开阔，一切美景都将尽收眼底，而你也更加能包容这世间的万千、好与不好。

女人，在你攀登向上的过程中，必然会遇到各种艰难险阻。抵达高处并非像走在平地上那么轻松。尼采说过："其实人跟树是一样的，越是向往高处的阳光，它的根就要越深地扎向黑暗的地底。"是的，欲达顶峰，必忍其痛。你必须看到最黑暗的现实，才能见到最灿烂耀眼的阳光。因此，请坚定自己的信念，不要害怕沿途遇到的妖魔鬼怪，也不要害怕暴风骤雨的侵袭，这都是人生，尤其是成功者的人生必然要遇

到的一切。

同样，你也不要尝试着凭借他人的力量将你抬到高处，因为这个背后是你的不安与软弱。当你依附的那些人摔下山顶的时候，你也会直接摔下去，甚至更加惨痛，连一丝余地都没有。女人，请靠自己的双腿去登上顶峰，如此你必将体会到什么叫心安理得，什么是收获的快乐。

不知道有多少人讨厌范冰冰，不知有多少女星提到她会恨得咬牙切齿，然而有一个不争的事实就是，她确实用努力去证明了自身的存在价值。她说："我挨得住多深的诋毁，就经得住多大的赞美。我的所有努力都只是为了让自己掌握主动。别人说好不好不重要，我喜欢就好。我从来就不是为了别人而活，万箭穿心，习惯就好。"她从《还珠格格》中的丫鬟金锁到《武媚娘传奇》中的一代女皇，这个逆袭的过程漫长而艰辛，一共花了17年。

你可以说她没有什么拿得出手的代表作，只会靠走红毯来博眼球，炒作手法无人能及，然而你不可否认的是她登顶这一事实。她努力工作、努力赚钱，甚至可以说出"我没有想嫁入豪门，因为我就是豪门"这样霸气的言论。的确，她走了一条与其他嫁入豪门的女星截然不同的道路，不依附他人，不用担心自己年老色衰被抛弃的命运。她大可以自由地去选择爱的人，就算情变也无非是骄傲地摆摆手走人。因为经济和人格的独立，所以没有任何后顾之忧。面对一切诋毁与流言蜚语，她练就了一身钢筋铁骨，无所畏惧。

马伊琍曾经说过这样一句话："事业是一个女人永远不可丢弃的一部分；多少女人因为一个'钱'字选择了卑微，

又有多少女人因为没有'事业'，降低了自己的地位！"我很赞同她的观点，也非常支持女人有一番属于自己的事业。当然，你不必非要做什么女强人，也不必成为什么上市公司老总，因为那些成就的背后还有很多因素。作为普通女性，你只需要有一份自己热爱的事业，因为这样可以分散自己的注意力，不用每天围着老公、孩子、家庭琐事团团转。无论这份事业的大小，只要能充分体现自身的价值就好。此外，事业可以让你不至于和社会脱节，因为与社会脱节是一件很可怕的事情。如果你心心念念做个家庭主妇，那么在很多年后你将会遭遇某些不可控的危机。

女人，在这个世界上，人是会变的，事也是会变的，而你唯一能掌握的就是自己，让自己变得独立而坚强。在生活中，有些事情是不可操控的。也许你和另一半相爱时，爱得轰轰烈烈、惊天动地、你死我活，可是过了10年、20年后呢？你操劳多年，一心全都扑在洗衣、做饭、带孩子身上，完全忘了经营自己，而这是一个不理智的投资方式。也许你觉得这种观点很悲观，也很偏激，也许你坚定地认为自己的另一半不可能变心，当然还有很多也许……

对于女人来说，最重要的是取得生活中的主动权，而这一切都将是你受到另一半尊重的一个前提条件。不要若干年后，换来对方无情的一句："你整天什么都不干，白吃白喝，花着我的钱！"或者当你看着心心念念的包包和衣服的时候，他的一句"不要乱花钱，省着点儿"，让你完全失去了购买的欲望、失去了自我，让你处于十分被动的地位。

女人，请保持自己的独立和骄傲，也请戴上那顶属于自己的王冠。虽然你要承受它的重量,但你也因此主导了自己的人生,成了骄傲的女王。

女人,无论如何都不要轻易摘掉这项王冠,因为摘掉王冠也就意味着失掉主动权,而你必将为之付出惨痛的代价。

安全感并不会减少你人生的颠簸

所谓的"安全感",
并不能让你的人生少些颠簸。
不要因为安稳,
限制了本该精彩的人生。

不知道为什么,我们的生活总是被"体制内""安全感""稳定"这些词充满。在大多数人选择职业的时候,"体制内"会成为他们的首选。那些过来人总会这样告诉我们:一个"铁饭碗"能让你的人生少一些颠簸与周折。说实话,其实"铁饭碗"更成了我们人生的阻碍和隐患。

也许是中华民族流淌于血液中的农耕文明,让每个人都觉得在某地有一份稳定的工作、有房有车,这样的生活就是幸福美满的。并非说这种稳定的生活不好,只是农耕文明少了海洋文明中向外开拓的闯劲。

不知道为什么,现在很多人都将拥有房产作为最大的安全感。特别是去一线城市打拼的年轻人,也许房子成了他们毕生的追求与目标。大多数年轻人看着一线城市高不可攀的房价时,只能长长地叹口气。为了在一线城市寻找一份"安全感",很多家庭投入了两代人的积累帮孩子们付了首付,而年轻人也从此背上了沉重的房贷。在今后漫长的人生中,他们也将大部分的收入投进了房贷之中。在买房前,小两口总是会去浪漫一下,定期看电影、去高档餐厅消费、出国旅行……然而,为了房子,大家放弃了一切生活,甚至放弃了爱情。

姑娘们结婚不再是因为爱情,而是对方有房有车、工作稳定。在现代社会,这种扭曲的价值观已经被奉为真理,这是非常可怕、危险的。也许你会跟我说:"姑娘,别傻了,没有面包的爱情还是算了吧,你愿意和一个穷小子颠沛流离地过一生吗?居无定所,整天搬家?"是呀,这是多么现实的问题。诚然,没有面包的爱情像肥皂泡,一触即破;然而,没有爱情只有面包的婚姻将更加可怕。

当然,你又会反驳我:"姑娘,感情都是可以慢慢培养的。到处都是先结婚后恋爱的人,怕什么没感情?"亲爱的,原谅我的无知,原来在你眼中这就是婚姻。不过,我也想清楚明白地告诉你:"对不起,你可以做到,但我做不到。"

小爱是我的高中同学,前一阶段刚刚结束了与大学同学方俊的七年恋爱。她过来找我聊天:"古茗,我真的非常痛苦,和方俊分手就像是自己的心被割去了一半。"我问她:"为什么不坚持?你们都在一起七年了,怎么就放弃了?"她只是淡淡地说了句:"我妈觉得我已经到了结婚的年龄,而方俊现在还是个穷小子，根本无力建立家庭。我妈让我趁现在还年轻，赶紧挑一个条件好的嫁了。"

听了小爱的话，我苦笑着问她："在你妈妈眼中，到底什么才是条件好的？"她也苦笑道："有房有车、工作稳定。"我反问她："你是不是不相信方俊日后能给你带去幸福的生活？"小爱只是淡淡地回答："古茗，我已经向妈妈妥协了，也向现实妥协了，我不想过没有安全感的生活。"后来，小爱听从母亲的意见去和一个什么都有的男人相亲，最后不到半年就结了婚。结婚那天，同学们都去了，唯独没有方俊。

婚后的小爱过得并不幸福。她还在想着方俊，总是回忆起与方俊这七年走过的点滴，觉得那是她这辈子最幸福的时光。那个时候，他和她一起挤公交，一起在路边摊吃着手抓饼，一起在寒冷的冬天轧马路。虽然现在老公可以开车接她上下班，可以带她出入高级餐厅，可以给她买任何想要的东西，但他们之间并没有爱情。小爱不知道自己到底嫁给了什么，也许只是嫁给了某种所谓的"安全感"，但是有了这所谓的"安全感"，才知道这并不是她想要的。

我能理解小爱的选择，也明白她母亲的苦心。父母花了那么大的精力将女儿培养成人，而女儿甘愿和一个穷小子在一起浪迹天涯，那是他们根本无法接受的事实。但是，他们却忽略了感情这件事。

还有很多朋友，因为要寻求一份"安全感"，在20多岁的时候就过上了50多岁的生活。的确，这种生活是人人都羡慕的，但是这少了一种鞭策，更少了一种恐惧。正是因为恐惧与害怕，人们才会不断激励自己努力攀登，让自己变得更加强大。然而,"安全感"正是阻碍你向上攀登的某种因素,甚至让你失去了某种斗志。

"安全感"本身无可厚非,这是一种没有大起大落的生活状态,也不会让一个人有太多负担。然而,如果年轻人的生活被"安全感"所捆绑,甚至因它而委曲求全,甚至放弃最珍贵的人和事,那么这种"安全感"不要也罢。

第四章

孤独：守住繁华，耐住寂寞

那天，你逃开人群，渐行渐远。

作为女子，面对世事纷争，面对喧嚣繁华，在心中留有一块净地，只属于自己。

孤独，找寻自我的开始

> 潮涨潮落间，
> 某些东西在你孤独已久的沙岸遗落，
> 其实，那就是寻找自我的开始。

她们孤独地行走于尘世之间，在星光洒遍山川湖海之际，在看尽人世喧嚣浮华之后，是悲凉，是落寞，是怅然若失的找寻，是无处安放的灵魂。最终，她们抵达内心最深处的繁盛。

其实，我们都有一个阶段会不想跟任何人讲话。这个时候，我们应该是最靠近自身灵魂的时刻。大部分姑娘都喜欢群居，受不了独来独往的状态。她们会觉得孤立无援、不知所措。

我记得曾经有一个朋友在工作中遇到了被同事孤立的情况，跑来找我诉苦。她说来到新的单位后，自己表现突出，受到领导的器重，也因此得到了很好的机会。然而，这也为她招来了很多困扰。渐渐地，她发现身边的同事、朋友离她远去了，甚至会刻意地针对她。他们在一起聚会、游玩，在朋友圈里秀着一起逛街、吃饭的"恩爱"，偏偏就是没有叫上她。后来，她在别人口中听到了有关自己各种版本的传言，听得她咬牙切齿。那些传言无非就是一些再烂俗不过的故事，要么说她有强大的后台，要么说她因长得漂亮和领导有什么不正当的关系，再要么就是她是什么领导的亲戚……说着说着，她哭了。她告诉我，她突然发现"优秀"这个词是毒药，是将你陷入不义的罪魁祸首。她想改变自己，让自己变得合群，让自己变成一个普通人。

看着她这么难过，我有一种无力感。这个社会就是这样，越是优秀的人，越会被众人孤立。越是优秀的女子，就越容易招致非议，也越容易被摧毁。可是姑娘，何必呢？何必要为了迎合别人而委屈了你自己？他们在背后说你的坏话又怎样呢？那只能说明你有资本被他们说，有资本引起他们的关注。如果真的不被人议论了，那反倒成了一种悲哀。

其实，姑娘们应该要有群居的能力，也要享受独处的可能。被孤立不是一件坏事，这恰恰证明了你还没有被同化，以及在尝试着找寻自我、保持自我。

侯孝贤是我非常喜欢的一位导演。尽管他的电影看起来很费力，但那是一种非常好的感觉和状态。我能够在电影中寻找自我。在侯导的电影中，人物像是集体"失声"了一样。不过，这种"无声"意味着人物的独立状态。无论是《恋恋风尘》《最好的时光》，还是《聂隐娘》，都会有一个"无声"的人，孤独地走在光影的世界里，冷眼看待这世间的一切悲苦喜乐，尝尽人情冷暖。

在《聂隐娘》中，聂隐娘的台词不到九句。因此，影片全靠舒淇去诠释这个角色的悲伤、寂寞与挣扎。我们仿佛看到了徜徉于这世间的孤独身影。在这人世间，没有谁能读懂她，更没有谁能改写她的命运。她只身一人，孤独地行走于自己的世界里，没有人说话，仅此而已。

此外，侯孝贤用两对玉玦展现了孤独的状态。那两块玉玦是嘉诚公主下嫁魏博时，先皇临别时赐予的，寓为决绝之意，是先皇钦命公主，用决绝之心坚守魏博。在田季安15岁行冠礼时，嘉诚公主将这对玉玦分别赐给了田季安和聂隐娘，是希望他们继承先皇旨意，以决绝之心守护魏博与京师的和平，同时也是想促成两个人的婚事。只是阴差阳错，造化弄人，两对玉玦分开后就再无合一之时。当聂隐娘最终回来归还玉玦，也是决裂之意。这里分开的玉玦就代表着"一个人"，分指田季安和聂隐娘，而他们都属于没有同类的孤独之人。

侯孝贤的"无声"，也代表了他个人对电影的追求。他不跟随大众的步伐，永远都从心拍电影，探索自己的艺术，坚持自己的坚持。正如苏牧所说，侯孝贤的电影都是探索式电影。这种电影更靠近人的灵魂与本质，更注重艺术，而非商业化。在这个商业片纵横的年代，"无声"的侯孝贤尤为难能可贵。

其实，孤独的状态并不可怕，至少表明你很清楚自己想要的是什么。其实，最可怕的是人云亦云，跟着众人走，失去了自我。很多时候，"无声"更意味着"有声"。很多事情是不需要说出来的，因为内心是丰富的状态。

很多姑娘都愿意去保持孤独的状态，因为不想被这个世界同化，最后变成同一个样子。所以，当你孤独的时候，不要害怕，更不要焦虑，那并不是一件可怕的事。我们需要这种状态，就像同样需要群居一样。

一个人的盛世芳华

> 她，
> 比烟花寂寞，
> 却在一个人的盛世芳华里，
> 绚丽绽放。

在这个世界上，很多女孩都出生在一个平凡而普通的家庭，很多女孩为了能分担家中的经济压力、为了能减轻父母的负担，艰辛地在这个凉薄的世界里摸爬滚打。尽管她们是柔弱的，尽管她们并不知道还有多久才能抵达，但她们都坚信只要自己一直这么努力下去，终将能实现自己小小的梦想。

我很钦佩这样的女孩子，因为她们有着坚忍不拔的意志力，因为她们没有人可以依靠，因为她们坚强地面对生活带来的一切压力。

在我们的周围，有无数这样的姑娘：她们离开自己的故乡，在大城市独自打拼。白天，她们化着淡妆，穿着工作服，踩着高跟鞋，挤在人潮如涌的地铁中，工作在高楼大厦。晚上，她们又回到狭小的出租屋，煮一碗泡面就会感到温暖至极。她们没有公主病，没有臭脾气，不怨天尤人，更不苦闷悲观。对于她们来说，每一天都是新的，每一天都充满了活力，每一天都是上天的恩赐。

维姐家有四个孩子，她是第三个女孩，还有一个弟弟。她成绩很好，但没有去读大学，因为家里还要供养弟弟。维姐在18岁的时候就进入了社会，为父母分担生活的压力。那个时候，她做过饭店服务生，去夜市卖过袜子，也去过工厂车间。那段岁月虽然艰苦，但她过得心安理得，因为靠着自己的努力勇敢地活着，并且还能补贴家用。过了几年，她有了一点积蓄后就租了一家店面，做服装生意。早上6点就要起床，进货、拉货、卸货，每天都会忙到深夜。也正是那段日子，让她更加懂得了生活的不易；也就是那段日子，让她将弟弟供上了大学。

后来，维姐的生意越做越大，订单一笔接一笔。她创立了自己的品牌，还有了自己的工厂。她对衣服的质量要求非常严格，称要做就做到最好，不能有一点瑕疵。正是这样的态度，她赢得了很多客户的信任与尊敬。也许，你以为维姐这样就满足了，但是她并没有。

维姐说自己的学历不高，因此阻碍了公司与外商的合作机会。在她30岁的时候，她开始学英语，对于只有高中毕业的她来说，这需要多么巨大的勇气和毅力。但在她不懈的努力下，最终她真的可以用一口流利的英语与外国客户交谈了。

今年，她40岁，她的公司于这一年正式上市了。她摸爬滚打20年，从一个饭店服务生到一个上市公司的老总，其中的人情冷暖、酸甜苦辣是可想而知的，但是她并没有跟谁诉苦，所有的苦都自己往肚子里咽。她说，她这么努力奋斗了20年，就是不想让自己的孩子重蹈自己的覆辙，希望他们一开始就能和其他孩子一样拥有一个较高的起点，拥有同样的社会资源。听了她的这段话后，大家都无话可说了。

她是香港歌坛的一个传奇。在短短的40载春秋里，她唱尽了繁华与落寞，演尽了若梦浮生——她就是梅艳芳。梅艳芳1963年出生在香港，父亲早逝，母亲经营着破旧的歌舞团来供养四个子女。在生活的压力下，梅艳芳在4岁半的时候便登台唱歌，并和妈妈、姐姐梅爱芳一起四处表演。除了唱歌、做主持外，她还要兼职做服务员。正因为这样，她被学校的同学嘲笑为"歌女"，而同学们的家长也阻止他们与梅艳芳来往。在初二的时候，梅艳芳便离开了学校，辗转于歌厅、夜总会等地方唱歌。在小小的年纪里，梅艳芳就已经承担起了生活的压力，放弃本该纯真而快乐的童年，学会面对孤独与闲言碎语。这其中的艰难与心酸只有她自己知道。在1982年，19岁的梅艳芳参加了香港无线电视台举办的第一届新秀歌手大赛，而她以强大的实力毫无悬念地夺得了冠军的宝座。

梅艳芳一生获奖无数，不仅是歌手、演员，还心系慈善事业，对后辈关爱备至。在香港演艺圈，她博爱、真诚、侠义，是当之无愧的"大姐大"，受到众人的尊重。2003年12月30日，梅艳芳因宫颈癌致肺功能衰竭病逝，年仅40岁。

梅艳芳是香港乐坛的传奇，更是一朵独一无二的女人花。她独自承受生活中的一切，暗自努力，造就了属于自己的盛世芳华。

生命，很多时候都充满了未知，但这些不安的未知都可以通过努力而掌握在你的手中。姑娘，也许你出生在一个并不富裕的家庭里，也许你并不能像别的姑娘那样任意妄为，也许你还得努力赚钱补贴家用。可是这并不能阻止你前进的道路，更不会限制你的潜能。在这条路上也许你是孤独的，但你却一个人走在自己的盛世芳华里，绚丽绽放着。

沉静，以此抵达内心的繁华

> 原来，真正的沉静，
> 不是避开车马喧嚣，
> 而是闹市中的淡定从容，
> 以此来安放灵魂的荒芜，
> 抵达内心的繁华。

有一种女人，在波澜不惊的外表下隐藏着旺盛的生命力，随时都有可能爆发小宇宙。平日，她们安静、从容、淡然，不会去迎合，更不愿随波逐流。在这个纷乱的闹世中，她们没有多少言语，似乎总会被人遗忘，被人低估，被人忽略。然而，她们人格独立，对纷繁复杂的世界有一个清醒且深刻的认知。

纪伯伦曾经说："当你无法和你的思想和平共处之时，你开始说话；当你无法安居于内心的孤独时，你便开始活在双唇之间，声音成了一种消遣。"这里并非在否定言语，而是强调了一种沉静的力量。

我有一位朋友叫洛安,生活在巴黎,是一位作家。出生时,洛安就和家人一起去了法国。她是一个非常有个性的女人,很少说话。洛安留着一头海藻般的长鬈发,喜欢穿着落地长裙,眼神淡然且笃定。她随身都会带着纸笔,因为这样可以记录稍纵即逝的灵感。她喜欢莎翁戏剧,每周必去一次剧院。

洛安和这个世界显然是格格不入的,像是生活在他处。有时候,大家聚在一起聊天,她就会突然游离开去。吸引她的也许是窗外的孩子,也许是树上飘落下来的落叶,又或许是落日余晖。一开始,大家并不能接受她的这种性格,觉得她不能融入群体之中。不过,随着时间的推移,我们从她的作品中慢慢地了解了她的内心世界。

她在书中写道:"原来,真正的沉静不是避开车马喧嚣,而是闹市中的淡定从容,以此来安放灵魂的荒芜,抵达内心的繁华。"当读到这句话时,我才发现洛安的内心是多么丰富和强大。

洛安的沉静是一种更靠近灵魂的方式,通过这种方式,她能更清楚知道自己想要什么。她说:"从前,我以为这种性格并不利于个人职业发展,也不利于在这个世界上生存。我曾经试着让自己变得外向,去参加各种活动,和各种各样的人打交道。不过,最终我又回归了原先的性格。我发现并非只有外向才能展现我的能力,也并非只有外向才能做出一番事业。我发现自己性格中有些东西是独具一格的,那是外向无法替代的。"

再看看她为之奋斗的事业,蓦然间发现这个女人并不简单。30多岁的她,至今还选择单身。她说这个世界不仅仅有爱情，还有更多的事情要她去做。在法国，她积极投身女性事业，为女性的权利而奔走。她说，女性应该为自己的权利而团结在一起。

2015年9月12日，李健在自己的北京演唱会上正式向所有人介绍了他默默守护十年的妻子——"小贝壳"。这个他口中的"小贝壳"叫孟小蓓，是一位美丽与智慧并存的女人。在李健10岁的时候，他第一次遇见5岁的"小贝壳"。李健的爸爸说"小贝壳"长得像俄罗斯姑娘，这也让李健记住了她。后来，"小贝壳"紧跟着李健的脚步上了清华，一度念到了博士学位。李健说《传奇》中就有妻子，那是生命中的一种际遇。到底是什么样的女子能让李健如此默默守护呢？

孟小蓓从来没有在公众的视线中出现过。人们仅凭她微博上的只言片语去了解她。人们说她把生活过成了一首诗，将所有的琐碎编织成美好，将所有的平淡书写成丰富。她的微博纯净而富有哲思，上面记录着生活中的点滴，动人而不张扬。

她说，诗歌是对梦想的守护。她的生活中处处充满了诗意，喜欢用各种"先生"称呼李健。她可以将平淡的浇花时光演绎成浪漫的爱情故事。她说在小园中浇水，昨晚回来的"出差先生"隔着纱窗对她说："与你在一起的日子才叫时光，否则只是时钟无意的游摆。"她可以将喝咖啡的时光变得温馨而甜蜜。她说，"'咖啡先生'精心做了一杯极好的浓缩，我就挑了黑松露巧克力搭配。"结婚数年，她依旧保持着那颗少女心。

她爱摄影，懂茶艺，擅烹饪，热爱生命中的一切美好。

她可以将草木成画，将花鸟入诗，将音符视作生命中的福音，将写作看成生活中无法预知的探险。她就这样一直在寻求心境的清明。

她低调而温婉，和李健一样对名利有着清醒的认识。当越来越多的人通过微博发现她的时候，孟小蓓便不再更新微博。她深刻地认识到，只有淡出大家的视线，才不会引来非议，才能守住这份恬淡的生活。在孟小蓓和李健看来，一切外在的东西都只是为了最终的生活而已。他们用最初的纯粹书写着生命的篇章，没有华丽的辞藻，也没有扣人心弦的情节，只是一首抵达灵魂彼岸的诗篇而已。

沉静，是一个女人靠近灵魂的方式，让我们不再随波逐流，不再被外物所烦扰，更不会妄自菲薄。我们会变得更爱自己，更懂得生活。

无关他人,寂寞绽放

> 生活是自己的,
> 与他人无关。
> 人生的道路漫长而艰辛,
> 只有耐得住内心长久的寂寞,
> 才能守得住日后迟来的繁华。

很多女性在小有成就后,容易被短暂的胜利冲昏头脑。她们在繁华中有一颗不甘寂寞的心,而这正是走向落寞的开始。女人,只有耐得住寂寞,才能守得住繁华。生活本身的常态就是平凡,此外便是锦上添花的事情罢了。

台湾女星萧淑慎的星途一直很顺利,可正当事业如日中天的时候,她染上了毒品。她因吸毒三次被抓,事业跌入谷底。台湾媒体还曝出萧淑慎企图跳楼自杀的消息,以及她自暴自弃后暴肥苍老的照片。我们并不知道是什么原因让公众眼中的清纯玉女沦落到如此境地,但这不得不让喜欢她的人为之可惜。之后,萧淑慎痛下决心,减肥成功后复出。媒体问她吸毒给她的最大教训是什么的时候，她说只有内心安静，才会把自己看得很清楚。可想而知，曾经她的心智被多少杂念所困扰。

那时，走在人生巅峰的萧淑慎一定没有想过自己会变成现在这个样子。只有大彻大悟后才明白人生的某些道理，然而她为此付出了太过惨痛的代价。很多时候，女人会被鲜花、赞誉等外在的东西冲昏了头脑。她们在这个名利场上疯狂地消耗着自己被世人褒奖的美名，一度在生命的某些禁地中大胆妄为、肆无忌惮。殊不知，她们不仅是在耗费着自己宝贵的青春和容貌，同时，也正慢慢地将自己推向深渊。

前不久，我听说了高中时期校花小言的现状，不禁感慨万千。高中时，小言是那种美到没朋友的美女，追求者可以组成好几个足球队。她可以一周和七个不同的男生约会。后来，她考上了艺校，开始混迹演艺圈，各种情场上的老手也开始纷纷向她献殷勤。那些人大多是已婚男士，出手阔绰，喜欢开着豪车出入各大高校，玩弄学生妹。很多女孩子都受不了金钱的诱惑，在虚荣心的驱使下最终误入歧途。小言成了她们中的一个。

后来小言被一个富豪追求，隔三岔五的鲜花、礼物只是常态。她穿着华丽的礼服出入各种名流会所，时不时地再去蹭几场红毯，表面上风光无限。在20多岁的时候，在别的姑娘还在挤公交、住出租屋、吃泡面的日子里，她已经尽享这个年纪少有的荣耀。然而，这看似风光的表面暗藏的是不为人知的痛楚。这个富豪是个已婚男人，有一对儿女。在富豪送了小言一幢豪宅、一辆名车后，小言正式成了他养在笼中的金丝雀。

还记得有一年同学会，当大家正对未来抱有各种惶恐不安时，小言已经是各种奢侈品在身、各种炫富了。那个时候，大家都感觉她生活在不一样的世界里，享尽荣华富贵。后来，又过了七八年，当在这个社会里苦苦挣扎的姑娘们都小有成就时，小言却消失在了我们的视线里。

有人说富豪曾经答应小言过几年等孩子大了就和妻子离婚，不过这只是欺骗无知少女的谎言罢了。后来，那个富豪的妻子找了私家侦探调查了小言，并且找到了小言过去的很多把柄。就这样，在那个女人的逼迫下，小言离开了富豪，最后彻底消失了。不知道现在的小言身居何处，也不知道她靠什么维持生活。

在那段最美好的年华里，她在那无止尽的虚荣中消耗着自己的青春，消耗着自己美丽的容颜。如果，时间还能倒流，她是否会在最美好的年华里沉下心来，努力地去学习表演，为未来打下扎实的基础？她是否会在最美好的年华里，认认真真地去谈一场恋爱，愿意和一个疼爱自己的男孩子共同奋斗呢？这个答案别人没办法给出，但她用自己的青春貌美，在小小的年纪里就得到了不用通过自己努力就得来的豪奢，也就决定她必然要用今后的人生为之买单。

女人，只有在年轻该努力的时候，守住自己的心，守住自己空虚寂寞的心，才能在往后的人生中活得心安理得，活得美丽优雅。也许在你20出头的时候，会羡慕那些背着LV、穿着Prada、擦着Chanel的同龄姑娘。也许那一件单品就够你交两个月的房租，也许你省吃俭用的钱不及她们一条不屑一顾的丝巾。可是姑娘，请不要因此乱了自己的心志，更不要为自己的不曾拥有而惶惑不安。或许她们只是生在了一个好的家庭里，或许她们只是提前享受了未来的人生。当你跨过30岁时，通过自己的努力得到这一切时，你会为自己曾经的默默付出而露出欣慰的笑容。

姑娘，人生可以有很多种选择，也有很多种可能。在这条漫长而艰辛的人生道路上，我们都是普通而平凡的姑娘，因此我们更应该懂得一个道理：生活是自己的，与他人的眼光无关。我们只有默默地去努力，最终才能守住日后迟来的繁华。

浮华俗世，不忘初心

> 浮华俗世，
> 不忘初心。
> 心境澄澈，
> 终将抵达。

不忘初心，方得始终。在这漫长再漫长的生命旅途中，我终究不想失去你——那个最纯真、最简单的自己。

纪伯伦曾说："我们已经走得太远，以至于忘记了为什么而出发。"是的，我们最不该忘记的就是曾经那个一腔热血、不撞南墙不回头的自己。多年以来，我们也许一直都在做着别人眼中的自己：父母的乖乖女、丈夫的好妻子、孩子的好母亲……后来，我们开始困惑：虽然拥有这么多身份，可我们到底是谁？

是呀，我们在不断努力，努力学习、工作，努力成为十全十美的女人，可是人生的意义究竟是什么？我们到底为什么要这么拼命？后来，才慢慢懂得，人生的常态还是回归生活本身。

　　我的好朋友林兰，是一位园艺设计师，拥有自己独立的工作室。在她的设计事业最巅峰的时候，她做了一件让所有人都大跌眼镜的事情：关闭了工作室，搬回乡间居住。所有人都不知道发生了什么事情，觉得她疯了，因为那正是她事业的上升期。

　　在我眼里，林兰才华横溢，设计的作品独具一格，总是能一下子就了解客户所需，找到那个感觉。但是，我曾经也不了解她为什么会在最辉煌的时刻，停下了自己的脚步。

　　林兰离开城市去乡间居住的那段时间里，我去拜访过她一次，深受触动。她在乡间买了一块地，盖了一间小屋，极其幽静。她在小屋后开辟了一个小花园，种了各种各样的花，同时，还有一棵长势良好的桂花树。在乡间的日子里，她每天精心地浇灌着这些植物。

　　那天，林兰亲手为我泡了玫瑰花茶。那些玫瑰花都是她亲手栽种的，又亲手采摘下来，并晒制成花茶。那时的林兰完全变了一个人：淡然平和，不慌不忙。我跟她坐在床边，阳光洒进来，温暖、明媚。她说："古茗，你看这样的生活多美好。"我没有说话，但我懂她的想法。很多时候，我们只有彻底停下来才能直面自己的灵魂，才能知道自己到底想要什么。

　　林兰说："虽然大家都不理解我的做法，但我自己有着清醒的认识。古茗，你知道吗？没来乡间之前，我几乎每天都在接单，每天不是为了画图忙到深夜，就是忙活各种各样的应酬。"的确如此，那时她的事业越来越好，但她也接了很多自己不喜欢的设计。她接着说："你知道吗？为了多赚一笔钱，我不得不去接很多自己不喜欢的单，这和我最初的设计理念都是背道而驰的。"

是呀，林兰的理念是简约且富有创意，但是那些客户的要求是华丽、繁复、入俗、迎合大众。她每天都为了不入流的东西忙得焦头烂额："我真的不明白自己为了什么。难道就是为了多赚一笔钱吗？可我得到了这笔钱又能怎样呢？我整天这么忙碌，没有时间陪伴家人，没有时间享受生活，更没有时间去品尝一杯咖啡。我发现自己被卷进了一个永无止尽的漩涡之中，永远无法停止。这是多么可怕。我不知道自己这么忙碌是为了什么。做设计也有七八年时间了，可我似乎在生活的大染缸中慢慢失去自我，甚至忘了自己当初为何要坚持做一名园艺设计师。我现在只想给自己放一个长假，回归生活的常态，找回最初的自己。我知道只有这样，才不会偏离生活的轨道。"

这一行为、这些话就像是她对这个世界的一个宣言：她没有变。半年后，林兰终于又回来了。这时的她不再注重订单量，也不在乎金额的多少，而是更加注重设计理念与产品灵魂。后来，因为独特的设计理念，她受到了设计界广泛的关注，也因此赢得了许多奖项。当媒体采访她有何获奖感言时，她只是淡淡地说道："不忘初心，方得始终。我一直在坚持最初的自己。"

很多时候，我们心中都存留一处净土，那是装载梦想的地方。然而，那些美好的事物总是在生活的大染缸里慢慢被消磨殆尽。也许你曾经想做一名音乐家，只是无法忍受生活的困顿，最终放弃了。也许你曾信誓旦旦地说要创业，但是由于前路坎坷，不确定因素太大，所以也还是放弃了。

  我们努力打拼，承担着一切，却在这条路上越走越远。我们看着镜子中的自己而心生恐慌，30岁、40岁、50岁……女人，不要因为岁月而害怕年龄，更不要因为岁月而忘记曾经为何出发。

  作为女人，在这浮华俗世之中，唯有心境的澄澈清明、不忘最开始为何出发，才终能抵达梦的彼岸。

回归，找寻一种被称为"曾经"的信仰

> 回归，是生活中的一种仪式。
> 那里有对家园的找寻，
> 也有对过往的追忆，
> 更是对古老的传承。

姑娘，在面对拥挤的道路，还有无止尽的工作时，你是否还记得曾经轻松、愉快的生活？很多时候，我们的确走得太远了。忘了父母，忘了朋友，忘了周围的一切美好。这时，我们需要一场回归，回到最开始的地方，反思过快的发展与生活到底为了什么？为什么我们无法保全自己的文明？为什么在文明被破坏的时候，我们还都在沾沾自喜地认为这是一种发展？

过快的城市化进程，让人们渐渐对生活失掉了某种信仰。通过拆除一切古老的、"不合时宜"的、阻碍城市发展的建筑，人们在奔向现代化进程的路上越走越远，渐渐也忘记了自己为何要出发。不停地挣脱过往，不断毁掉旧有，那确实是一种破坏与浪费。

每当看到某个城市出现了山寨的埃菲尔铁塔、卢浮宫、白宫的时候，我就会心头一紧，不知该笑还是哭。我们将自己的古老文明破坏，复制了别人的文明，还自认为那是一种进步。这的确有些可笑和无知。

选择一件物品，其实就是选择一种生活方式。当你选择了一款木制书桌时，不仅仅选择了一个可以读书写字的产品，更是选择了一种读书写字的方式，因为这款木制书桌能让你更靠近自然、贴近灵魂。同样，人们在留住某件旧物的时候，其实也是留住了某种记忆与文明，这是一种传承。

我并非反对现代化进程，因为它的确给我们的生活带来了方便。但我也希望，在远行的同时，我们能够回头看看曾经。生活需要某种仪式感，而"回归"也正是这种仪式感的具象化。我们在回归中寻找家园，以及往昔的印迹，最终触碰到了生活的内里。

每当看到被高楼大厦包围的城市时，我就特别怀念那个小镇。还记得小时候，爸爸总是带我去奶奶家。每次回到爷爷奶奶家，我总能接触到城市里看不到的东西。

那里没有被雾霾包裹的天空，那里有永远的蓝天白云。我还记得，在蓝天白云下，在暖风迷醉的三月，满园的桃花与梨花，粉与白的自然融合，清雅与恬静的完美交汇，说不清与道不尽的感动与恩情，与那些含苞待放的花朵在一起绽放。在猛一抬头的刹那，诱人的芳香便随着娇滴的水分散发出来，侵占我的灵魂。

小时候，爷爷奶奶的门前有一条小河。爸爸说，小时候他经常和几个哥哥在小河里面游泳，抓小鱼、小虾，只可惜沧海桑田，河水早已被污染、填埋，现在成了各家种瓜果蔬菜的地方。唯一留在那片土地上的是一棵枝叶并不怎么茂盛的大树，上面清楚地印刻着一对恋人的海誓山盟。

当然，爷爷奶奶家也留下了中国人曾经的生活方式。爷爷是一名儿科医生，在那一带小有名气。爷爷师从老太爷——当时的一位名医，据说他可以双手替人把脉。可惜这一传承到爷爷这儿就终止了，几个叔叔都不愿意继承这一传统，只剩爷爷为乡里的百姓独自坚守着。在爷爷的书桌玻璃板下，分类清晰地压着各式药品的名称单据，还有被标注着各类细节的药物说明，纸张早已泛黄，但依稀可见当年的辉煌。

爷爷总喜欢用满是胡楂的脸颊贴着我，亲吻我的脸颊，而我总是被他扎得很疼。虽然每次都受不了他满嘴的胡子楂和满口的烟味，但我心里满载着温暖与被疼爱的感觉。

十几年前，奶奶因脑梗患上失语症，从此再也不能开口讲话，只能发出一些"呀呀"声。每当我们几个孩子回去看她，她都会兴奋地叫起来。妈妈说奶奶从前很爱打扮，总喜欢将花白的头发染黑，然后打理得光滑油亮，却不知从什么时候起花白也悄然变成了满头银丝。

两年前，在爷爷奶奶相继去世后，通往小镇的那条路渐渐离我远去了。今年，我再次回去看了看那个老房子，一种悲凉涌上心头，但也回想起了曾经真实的过往——那些老房子、旧物无一不在宣告着那些曾经真实存在过的一切。

古老的生活方式最终都会被现代替代，但我们无法抹去"曾经"的意义。生活总是要通过某种"回归"去承受某种重量。

爷爷去世后,父亲将他种的丁香移栽到家中的后花园里。他说:"有些时候,我们需要用某种方式去回归生活。"移栽丁香正是他回归生活的仪式,也是他记住家乡与过往的方式。

有的时候,回归能够让我们对生活有一个清醒而感性的认识。在破坏旧有、抛弃旧有的过程中,我们是否也失去自我?往昔不是用来忘记的,而是铭记的。捕捉往昔,正是我们对生活的敬畏与希冀。当我们懂得回归的时候,我们的生活也将不再飘忽不定。

亲爱的姑娘,愿你能在忙碌之余,经常回头看看。"回归"是一种寻找家园的方式,更让我们记住:留住文明,而非丢弃。

第五章

爱情：这世间的情事，终有一个了结

那天，你将写给他的情书都锁进了柜子，尘封。如果无法分开，那就选择相守；如果不能相守，那就选择忘却；如果无法忘却，那就选择铭记……这世间的一切情事，终归有个了结，而作为女子，面对爱情，选择一个洒脱、骄傲的姿态，继续前行。

与你相遇，好幸运

那时的你们，
对喜欢都小心翼翼。
那时的你们，
对爱情都绝口不提。
后来你总会在不经意间想起他，
因为那是你挥之不去的青春。

在你的青春里，是否出现过这样一个他：在还不懂爱情是什么的年纪里，你们相互喜欢，却对这份感情绝口不提，小心翼翼地守护着这份小小的美好；他就是你年少时最美的记忆，他也是你的初恋？

在电影《我的少女时代》中有这样一句台词：在那个没有手机、没有网络的时代，消失是很容易的事。

那天，莱轩拉着我去看电影《我的少女时代》。从开始的爆笑，到后来的泪流满面，莱轩告诉我，她又想起了她的初恋子鸣，虽然他们之间只是那种纯净到没有任何杂质的喜欢,但这已足以够她回忆一辈子。

那时还在高中的菜轩是内向、安静的,而子鸣则是外向、活泼的。子鸣是菜轩隔壁班的同学,他们最初的相遇很戏剧性,而后又经历了就像电视剧中安排好的一系列偶遇。那天菜轩刚要进教室,只见一个黑影从前面飞奔而过,将她手中的书撞落在地。那个男生赶紧回来帮她捡起来,说了声"对不起"后就匆匆进了隔壁的教室。

菜轩说当时也没在意,只是那天以后经常和他碰面,操场、楼梯口、走廊外、停车处。有的时候,她也会经过他的班级去看看他在不在。菜轩说,其实那种感情很微妙,就觉得只要那天能遇见他,一切阴霾都会被驱散。再过了一段时间,她发现每天下晚自修的时候都能遇到子鸣,原来他们同路,但他们依旧没有打招呼,依旧没有什么交集。就这样,菜轩守护着这份小美好一直到高中毕业。

上大学后,菜轩曾经想过去找子鸣,不过还是打消了那个念头。她不敢,也不好意思,因为怕自尊心受到伤害,怕这份淡淡的美好因她的唐突而被破坏。过了很多年后,有一次同学聚会聊起高中时代的往事时,小小告诉菜轩隔壁班曾经有个男生暗恋过她。菜轩很震惊,自己竟然从来都没有发现过。小小告诉菜轩:"其实几年前有个男生过来问过你的情况。后来,他知道你谈恋爱后就让我保密,不要告诉你这件事。"小小将那个男生的照片递给菜轩看,此刻所有的事情都真相大白了。这个时候,菜轩才知道所有的一切都并非巧合,所有的偶然都只是那个人的有意为之。其实他的家在她相反的方向,其实他一直在找她,其实那些年他一直在悄悄地喜欢她……

菜轩说，她也曾试图想过改变现在的一切和子鸣在一起，试图给曾经过往的青春画下一个完美的句号，然而这一切都太过遥远、太不切实际。很多事情都已经无法改变了，很多事情也不可能回头了，因为他们都变了，他们都不再是曾经年少时的他们。菜轩说，那段纯粹而美好的感情只属于青春，只属于记忆。

谈及初恋时，很多人总感觉有太多想要说却来不及说的话，总感觉有太多想要去做却未完成的遗憾。虽然喜欢，但却从未说出口，所有的一切都已经留在那些美好的时光里。有多少人在《我的少女时代》中听到言承旭那句"好久不见"时泪流满面，有多少人看到长大后的徐太宇会想到当年那个他……片中又响起了田馥甄的《小幸运》，动人而美好："原来你是我最想留住的幸运，原来我们和爱情曾经靠得那么近……与你相遇，好幸运，可我已失去为你泪流满面的权利。但愿在我看不到的天际，你张开了双翼，遇见你的注定，她会有多幸运。"

曾经那个年纪里，你不知道谁悄悄喜欢上了你的笑容，你不知道谁在你的书桌里塞了一封情书，也不知道谁悄悄地拍下了你的背影，更不知道谁为了你和全世界为敌……曾经和男生讲话都会脸红的你，曾经会在日记里悄悄写下某个男生名字的你，曾经会偷偷经过他的班级、跑去球场看他打球的你，曾经会在名册中焦急地寻找着他名字的你……

不用试图去改变什么，也不用试图去挽回什么，因为那都属于你的青春。即使你们都已经结婚生子，即使在心中留下了那一丝遗憾与悔恨，那都没有什么，因为这是生命旅途中必然要经历的缺失。我们相遇、相识，最后又各自奔赴自己的战场，消失在茫茫人海中。

在我们生命的旅途中，有太多美妙的事，有太多还没开始就已经结束的感情。在你还不懂爱情的时候，也许爱已经悄悄降临。或许，你们都该庆幸没有捅破那层纱，没有打破曾经的那份安静，没有毁掉最初的那份小美好。

就将所有的往事都尘封在时光中，就将所有的故事都掩埋在岁月里，就让所有的遗憾和悔恨都随风而逝。愿你在微风中向他轻轻道一声：与你相遇，好幸运。

那些年,你还不懂他的爱

那些年,
你还不懂爱。
因为不懂,
所以放弃了那个如阳光般温暖的男孩,
放弃了那个视你如生命的男人,
放弃了那个什么都不懂,
却什么都又懂得的男人。

姑娘,在你还很年轻的时候,身边是否有过这样一个男孩子:不懂浪漫、不会疼你、嘴巴笨拙、惹你生气……不过他阳光、善良、真诚,视你为珍宝?

那时的你喜欢和他一起挤公交车,即使车上再拥挤,他也会背上你们所有的包,扎着马步甘做你的护花使者;那时的你喜欢和他一起轧马路、逛公园,即使天再冷,只要把手伸进他的口袋里,你的心都是暖的;那时的你喜欢和他吃麻辣烫、章鱼小丸子、串串香,即使第二天闹肚子,你还是会嬉皮笑脸地回想着那个甜蜜的味道。

那时的爱情干净得没有一点杂质,没有任何世俗的困扰。那时的你们都处在人生中最美好的年纪里,什么都没有,却什么都拥有。你们没有事业、没有财富、没有房子、没有车子,可是你们拥有最纯净的爱情、最远大的理想、最坚定的信念、最清澈的灵魂……

只是,随着年纪的增长,随着阅历的丰富,随着与日俱增的现实压力,你已经不再是当初那个懵懂无知的小女孩。当越来越多的压力迎面而来的时候,你开始和他吵架,开始和他冷战。这个时候,你会越来越觉得母亲曾经的劝告是有道理的,越来越觉得那些鸡汤式的爱情箴言是正确的。他们都在劝导女孩要面对现实,不要因为一时冲动去选择了爱情、放弃了"面包"。只是那些精神导师式的过来人忘了一点:那些拥有"面包"的男人大多也都是从一无所有的穷小子慢慢走来,又或者他们只是继承了父母的"面包"而已。

我还记得当年有个女同学叫瑶瑶,在高中时期就和男友曦城在一起。那时他们不顾家人、老师的阻拦,爱得死去活来,爱得惊天动地,什么都不能阻止她爱他的决心。终于,他们去了同一个城市读大学,一起为他们的将来而奋斗、努力。当所有人都以为他们会结婚的时候,瑶瑶和曦城却在毕业前分手了。大家都问为什么,而瑶瑶只是无奈地说了句:"我等不了他成功的那一天。"

没过一年,瑶瑶就经人介绍嫁给了一个富二代。结婚前一天,瑶瑶哭着对我们说,她爱曦城,爱到可以为他去死。只是,她已经无法为这份爱画上圆满的句号,她更无法去想象和曦城过那种看不到未来的生活。她说,曦城还是高中时代的曦城,只是她已不再是当年的瑶瑶。她说自己变了,变得不像曾经那么执着,变得不再纯粹,变得更爱面包,变得更喜欢这世俗的一切。

我们没有在瑶瑶的婚礼上看到曦城。只是听别人说,那天晚上曦城在酒吧喝到昏厥,被急救车送到了医院。那一年,瑶瑶还不懂曦城。其实曦城一直在暗自努力,努力让瑶瑶过上衣食无忧的生活,只是瑶瑶还不懂曦城的努力。在大学的时候,曦城为了给瑶瑶买一款她心心念念的香水,会兼职打两三份工。曦城可以尽自己的努力去满足瑶瑶的一切愿望,就算待自己万般苛刻,只是那些年瑶瑶不懂曦城。

又过了几年,曦城的网络公司成立了,名叫瑶曦网络公司。公司的开业典礼上,所有同学都去了,唯独没有瑶瑶的身影。曦城叹了口气说:"我曾经向她承诺过,以后的公司就叫瑶曦,只是她已经不在我身边了。"过了那么多年,他一直把她放在首位,就算是公司的名字也是如此。

这样的故事,我们都曾听过很多,尽管故事的主人公可能各不相同,但情节一直都在重复。比如,京东商城的大当家刘强东,及曾经和他相爱的龚小京。

姑娘,如果他真的爱你,一定会为了你们的未来而努力奋斗。其实,你并不是要多少"面包",要过上多么富裕的生活,你只是希望有一个有安全感的生活罢了。可是那时你还不懂他的爱,不懂他的承诺。后来,当你嫁给了一个什么都有的人时,你会发现其实你一无所有。你就这样放弃了那个像阳光一样的大男孩,放弃了那个视你如生命的男人,放弃了那个什么都不懂但什么又都懂的男人。

　　姑娘，是什么磨平了你生命的热情？又是什么让你放弃了那个一辈子都该珍惜的人？不知你是否还记得那个拉着你的手，走过春夏秋冬的男孩；不知你想到曾经的那些年，心中是否还会为之一颤？其实，你想要的生活都会实现，你想要的安全感也终究都会拥有，只是那些年你不愿意去等他，只是那些年你还不懂他的爱。

与时空谈一场异地恋

> 因为爱你,
> 任何距离都成了
> 不足挂齿的小事;
> 因为爱你,
> 我变得更加坚强和勇敢;
> 因为爱你,
> 我愿意与时空谈一场异地恋。

有一种爱情叫作异地恋,很多情侣因为异地而分手,也有很多情侣因为异地而在一起。其实,异地恋考验的就是两个人对爱的坚持、对爱的信仰,以及与时间和空间对抗的决心。

前段时间,韩国一对异地恋情侣拍摄了一组名为"一半一半"的照片,以此来纪念他们的异地生活。女生 Danbi Shin 身处美国,男生 Seok Li 身居首尔,两人之间有14小时的时差。照片由两张同时拍摄的异地照拼凑而成,其中有他们隔空相望的组合,还有他的筷子、汤勺与她的刀叉组合,他的朝霞与她的落日组合，他的寿司与她的三明治组合，他们的交通工具组合，一半手的组合……这组创意性的照片引来了网友们的热议，也引起了广大异地恋情侣的共鸣。因为不能在一起，所以只能用这样的方式来表达爱意，表达思念。正如《孤单北半球》中唱的一样："用我的晚安陪你吃早餐……别怕我们在地球的两端，看我的问候骑着魔毯，用光速飞到你面前……我会耐心地等，随时欢迎你靠岸……"

也许是因为学业，你们必须分隔两地多年；又或许是因为一次工作机会，他不得不离开你一段时间。因为没有他的陪伴，你不得不将自己变成一个女汉子，什么事情都学着自己去解决。你可以一个人拉着笨重的行李箱，走过冬日严寒的雪地，穿过夏日阳光的曝晒。你可以装灯管、修马桶、分清红蓝电线的接法，一个人拎着一堆生活用品回家，一个人……

因为异地恋，你讨厌一个人去超市，讨厌一个人走在人群之中，唯有安静的咖啡馆才适合你。因为异地恋，你宁愿将食物打包带回家吃，也不愿一个人在外面吃。你害怕看到那些牵手走在一起的恋人，害怕甚至讨厌过情人节、圣诞节、中秋节、元旦节等一切节日，因为这让你感觉更孤单。

因为异地恋，你习惯了和手机讲话，习惯了每天抱着手机说晚安，习惯了每天和手机说早安。微信上的表情包变成你向他撒娇的唯一方式。他会每天用一个虚拟的表情kiss你一下，或者抱抱你，再或者简单地摸摸你的头，而这一切都会成为你倍加珍惜的小美好。

因为异地恋，每一次短暂的相聚都显得那么珍贵，每一次分离又是那么令人心碎。就像王力宏在《Kiss Goodbye》中唱的那样，"每一次和你分开，每一次 kiss you goodbye, 爱情的滋味此刻我终于最明白……"他牵着你的手在安检口转了一圈又一圈，最终不舍地在你耳边一遍遍地嘱咐着要好好照顾自己，忍痛放开你的手。你排着队，回头望着远处注视着你的他，尽管朝他微笑作别，但泪水早已在眼中打转，心中默默地念着：我好想你。

看着身边的那些情侣都因为异地而分手，你也有过动摇，甚至有一丝崩溃。在生病的时候，你多希望他晚上陪着你一起去医院打点滴，而不是一个人在深夜中躺在冰冷的病床上；在你过生日的时候，多希望他捧着鲜花陪你一起吹蜡烛，而不是一个人买一小块蛋糕对着电脑视频发呆；在你生活中遇到各种不顺心的事情时，你多希望他能够在身边给一个温暖的拥抱，而不是隔着冷冰冰的电话哭泣……

后来，当你坚持不下去想要放弃的时候，你才发现其实他和你是一样的。他每天也是一个人学习或工作，压力大的时候会用运动去释放，没有人陪伴的时候就自己闷头大睡或是和兄弟们打一场游戏。他每天都很努力，努力为你们的未来而拼搏，坚持着这份漫长的等待。因为有你，他拒绝了身边女孩的殷勤，拒绝了暧昧不清的感情；因为有你，他每天打开手机屏幕看着你们的合照就心满意足；因为有你，他省吃俭用存下见你的机票钱……

后来，当你们再见面的时候，他像个犯了错的孩子，紧紧地抱着你说："亲爱的，不要离开我。"那个时候，你突然泪崩……对于感情，你们都一样脆弱，你们都一样执着。

不要认为自己是女孩,所以理应觉得身边该有个人来照顾你、陪伴你。这样的借口只是用来掩盖你经不起长久的寂寞和漫长的等待,只是用来掩盖你受不了外界的诱惑和无尽的虚荣。

也许你们的距离横跨了大半个中国,也许你们的时间相隔了12个小时,也许你们要跨过四季才能见上一面。不过即便如此,你都应该是欣慰的,因为你守住了一份信仰。当你能够守住自己的心和欲望时,当你能够抵抗时空的考验时,你们的爱将不再像玻璃那般易碎,而会变得像钻石一样坚不可摧。

以一个洒脱的姿态和过去告别

> 他在你的生命中已经翻篇,
> 成了过去式。
> 现在的你,
> 值得被更好的人去爱。

很多女人在分手后都无法忘怀旧爱,甚至整日沉浸在过去中不能自拔。她们为那个人哭过、心碎过,却忘了好好待自己。女人,对于伤害过你的男人,就该坚定地将他扔进垃圾桶里。这个世界上没有什么舍不得,也没有什么值不值得。

也许很多人会说你为了一个男人付出了那么多年,最后沦落到分手的下场真的不值。他们会说你该挽回他,毕竟你已不再年轻了。这样的鬼话,还是当没听见吧。什么叫不年轻了?爱情与婚姻并没有时间的界限。没有了他,你可以将自己变得更加高贵、优雅。你的生活中还有更精彩的事情可以做,你还会遇到更好的、更值得你去爱的人。

梦晓曾经是一个美丽、开朗、有个性的姑娘,找了一个各方面条件都相匹配的男友。他们在一起三年，已经进行到了谈婚论嫁的地步。但是，有一天那个男人突然和梦晓提出分手，说梦晓太优秀，自己压力太大。分手的事情来得非常突然，让梦晓有些措手不及。不过，事后梦晓才发现这只是一个骗局，只是一个冠冕堂皇的理由。其实，"太优秀"只是那个男人的借口罢了，因为他劈腿了。

当她给他发短信、打电话，却完全没有回复的时候，她才明白自己彻底被玩弄了。这场蓄谋已久的分手，让梦晓濒临崩溃，每天像发疯了一样，但这仅仅是这场战争的开始。梦晓不甘心就这么被玩弄，便开始大肆地去报复他。她在朋友圈里将他骂得狗血淋头，并想尽办法找到了那个女人所有的社交账号，四处痛骂她。只是，在开始的时候，大家还都很同情她。但是，当过了很长一段时间过后，她依旧遇见谁就跟谁痛骂那个男人，痛骂他的无情无义时，已经没有人再去同情她，没有人能再耐心地听她一遍遍痛苦地诉说了。

在一开始，梦晓就输了，输在为了一份不忠的感情而放弃了自我，放弃了自尊，丢掉了自己所有的骄傲。她本该做个骄傲的女王，本该随手将那份不忠的感情、不忠的人丢进垃圾桶，转身继续自己的生活，寻找真正属于自己、忠于自己的爱情，但是她没有，反而放弃自己的自尊，去争取那样垃圾的一份感情、一个人，也注定了她必然更受伤的结局。经历了一场被劈腿后，梦晓整个人都变了，爱上泡吧、抽烟，整个人颓废得像老了10岁，再也没了曾经的自信与开朗。她整天哭丧着脸，根本无心工作，更无心憧憬未来。她像祥林嫂一样，反复诉说着自己的不甘心，诉说自己那么多年的付出与青春。

　　生活中并不缺少梦晓这样的女人,被一场本该庆幸的分手弄得元气大伤。这种状态并不能让你博得谁的同情,自暴自弃的方式也不会让他回到你的身边,只会让你被某些不怀好意的人嘲笑罢了。

　　一个女人,在面对感情的事情时该有自己的姿态和骄傲。你并不是为了一个男人而活,更不该为了一个男人而抛下所有。哪个女孩子不会在人生的道路上摔一跤或是生几场大病?就算被劈腿了又怎样?他劈腿了,只能说明这个男人配不上你。你该拥有一个更好的、更疼爱你的男人。

　　舒淇当年和黎明相恋并同居5年后分手,就因为黎明的父母介意舒淇的往事。舒淇痛苦过,但她并没有因此一蹶不振,而是发誓要将脱掉的衣服一件件再穿回来。最后她真的做到了,斩获各大奖项,赢得了全世界的认可。这些年来,她变得更加优雅、大气、淡定、从容。当别人再提到黎明这个名字的时候,她只是给世人一个优雅的微笑,然后骄傲地转身。他在她的生命中已经翻篇,一切都成了过去式。现在的她值得被更好的人去疼爱。

　　几年前,唐嫣因为台湾嫩模李毓芬的介入而和前男友邱泽分手。经纪人甚至爆出唐嫣为了邱泽付出之深,甚至帮他刷马桶。之后,更有消息称唐嫣因情伤而自杀。无论这些真真假假,但唐嫣并没有就此一蹶不振。感情的失败激起了她工作的热情,她也越来越受到媒体的重视。现在的唐嫣,片约不断,成为炙手可热的影视剧女王。

　　也许你的情路一直不顺,也许你总是遇不到好的人。不过,就算这样也不要忘记自己的骄傲。一个女人的价值并不是通过某个男人而显示出来，一个女人的美丽也不需要通过某个男人来挖掘。在时光的碾压中，你该像香料一样变得更加珍贵。这世间的很多事我们都无法改变：人心易变，感情也会变质。不过有一点我们可以把握住，那就是一个女人的骄傲。在分手后，你该让自己变得更好，变得更加优雅与从容。面对逝去的感情，你就该用一个洒脱的姿态向它告别，然后微笑着重新上路。

相濡以沫，以应流年

爱情，
不是柔情蜜语，
也不是花前月下；
而是两个人在经历大风大浪后，
共同成长，
成就最优秀的彼此。

在年少的时候，总以为爱情都会像电影讲述的那般惊天动地，也总幻想着爱情就像王子与公主那般浪漫美好，你还将自己想象成故事中的女主角等待盖世英雄的出现，然后谈一场风花雪月的恋爱……

然而，这些都是被艺术化的爱情。真正的爱情远比故事要平淡，也远比故事要精彩。

近年来，我们都看多了娱乐圈情侣的分手大戏。曾经秀尽恩爱的双方，分手后不仅不给对方好脸色，甚至在互联网上相互攻击、相互咒骂，连他们的粉丝也加入了骂战，一场原本只属于两个人的分手，愣是演变成了一场群殴，最后弄得尽人皆知。我们不禁在想，他们是否真的爱过。

如果真心相爱过，最后那些彼此伤害的话语又是如何脱口而出的呢？

娱乐圈的爱情就像是现实的缩影。我们看过很多情侣分手后，一方会因为气不过，就对提出分手的一方死缠烂打、辱骂对方，甚至逢人就开始诉说自己的痛苦，将自己扮演成一个受尽伤害的苦情者，以此博取他人的同情。

但结果真是这样的吗？自然不是，最终不过引起更多人的厌烦，让更多的人嘲笑你罢了。一段感情的破裂并不是一个人造成的，更不该将所有的责任都归咎到一个人身上。

在外界看来，梁朝伟和刘嘉玲有着极其相反的性格，从他们相恋开始就经常被爆出各种分手、离婚的传闻。不过，每次双方有劈腿或出轨的消息后，另一方肯定会站出来澄清，坚定地捍卫彼此的感情。

这么多年来，很多人都觉得他们不适合，甚至巴不得哪天他们分手。不过，这看似最不搭的两个人却成了娱乐圈里在一起最长久的恋人。外界对他们的爱情的看法都只是雾里看花，真实的情况只有他们自己清楚。

还记得前段时间，网上都在传刘嘉玲与同性友人同居的消息，闹得沸沸扬扬。后来梁朝伟在领取"法国艺术与文学军官勋章"的时候，他回应传闻："好好笑，我们在一起都这么多年，什么风浪没见过呢？"的确是这样，走过20多年，一直都被世人唱衰,一直都不被看好,然而却在这大风大浪中共同成就了最优秀的彼此。

在刘嘉玲50岁生日宴上,她穿着20年前的礼服,而身边依旧是他,前情依旧。时光荏苒,这世间最美好的事情就是,看遍一切风景、尝尽人世悲苦、知晓人情冷暖过后,你们依旧牵着彼此的手,在红尘中作伴,奔赴凶险的未知。

2015年,他们一起走过26年。结婚纪念日那天,刘嘉玲在微博上写道:"世上没有永久的婚姻,只有共同成长的夫妻。"这句话道出了两个人的相处之道。无论好与不好,无论适不适合,这都是他们自己的事。如果不能相处下去,那不可能也没有必要在一起26年。能够陪伴彼此26年,那必定不只是世人看到的表象的感情。

在《小王子》中有这么一句话:"你在你的玫瑰花身上耗费的时间使得你的玫瑰花变得如此重要。"在日后的几十年里,也许你会遇到许许多多的玫瑰,也许她们更加娇艳,也许她们更加美丽,但是她们都不及你星球上的那株玫瑰。因为你的精心浇灌,她在你眼中是那么与众不同,在你的眼中是那么耀眼;因为你的辛勤付出,她才成为你独一无二的珍宝;因为在星球上她与你的相互陪伴,才让你不再孤单和寂寞。因为她的出现,你黯淡的人生变得如此绚丽多彩,变得有所期待。

女人,在你选择人生伴侣的时候,相貌、财富、权力、地位等一切外在条件都没有那么重要。

最关键的因素是他是否愿意和你携手共同走过人生的荒

芜,是否愿意陪你一起去面对人生的沉浮,是否愿意在风浪面前坚定地捍卫你、保护你,是否愿意与你相濡以沫,最终成就最好的彼此。

身份悬殊的最根本问题是精神世界的差异

> 所谓的"麻雀变凤凰",
> 或是"王子与灰姑娘",
> 并非身份的悬殊,
> 而是精神世界的差异。

在现实社会中,很多女孩都非常喜欢看韩剧,因为韩剧故事为我们塑造了许多现代版的"王子与灰姑娘"或是"公主与平民"的形象,家世显赫的豪门之子邂逅家境贫寒的灰姑娘,或者没有好出身的男主角遭遇身价不菲的富家女,令其跨越身份地位的差距而两情相悦,不管身份多么卑微,男人都不卑不亢、德才兼备,女人则个个善良纯真、美丽动人。这些电视剧有很多,但都离不开一个主题——麻雀变凤凰。

姑娘们应该明白一件事:在这个世界上,所谓"麻雀变凤凰""王子与灰姑娘"的故事都是作者们笔下所向往的美好童话。在现实世界里,这样的故事少之又少。所以,姑娘们对自身、对爱情都应该有一个清醒的认知。

这样的爱情故事之所以中西通行,源自于故事本身所具有的超强代偿功能。因为在现实生活中的绝大多数人都身处于金字塔的底层,没有显赫的身世,没有邂逅王子或公主的机会,也没有在收获爱情的同时还可改变社会地位和生活品质的机遇。所以,人们在观赏这类爱情剧时就从中获得了愿望的代偿性满足,这些愿望通常都是在现实中无法实现的,其吸引力就来自观众在观赏时于潜意识里将自己植入电视剧的叙事情境之中,在审美层面上弥合了自我在现实生活中的缺憾。

韩剧设置的爱情阻力常常是来自家庭传统的社会等级和门第观念,还有来自情敌的破坏和当事人自己的懵懂、迟钝,不能很快地明确自己的感情归属,在爱情中彷徨、摇摆。这一切所构成的对立力量通常非常强大,让男女主人公的爱情历经曲折坎坷。通常出现的第三者都是各方面能和男女主人公相匹配的,但最后还是身份悬殊的真爱战胜了。在现实中,灰姑娘和王子的故事是永远不可能发生的,就算发生也通常以悲剧结尾,很少有幸福。

美国电影中"麻雀变凤凰"的阻力则往往来自男主对爱情感知的迟钝。影片《风月俏佳人》就讲述了一名出身卑微的妓女小薇安和一位与她身份悬殊的亿万富翁爱德华·刘易斯的爱情故事。该片于1990年上映,由加里·马歇尔指导,而女主角的扮演者朱莉亚·罗伯茨因本片被提名第63届奥斯卡金像奖最佳女主角,并获得第48届美国金球奖最佳女演员。这是一个典型的麻雀变凤凰故事,虽然男主一开始没有意识到自己对女主的爱,但最终,小薇安还是将许多女孩的梦想变成现实，其纯粹、自然的青春形象令人挥之不去。

不过，他们之间的爱情后续会发生什么，我们谁都不知道。其中有一个细节值得我们反复回味。在男主人公休假时，他们坐在公园的树下读书。爱德华手中捧着莎士比亚十四行诗集为小薇安朗诵，在影像中传来了以下两行诗句：

  白白地用哭喊来麻烦聋耳的苍天，
  又看看自己，只痛恨时运不济。

也许小薇安并不能听懂这首诗歌，但这显然是男主人公对小薇安的怜爱与安慰，对于她命运的同情。莎士比亚的诗更像是展现二人身份落差的象征：当有着财富与地位的男主爱德华，手捧莎士比亚十四行诗集与没有受过多少教育的灰姑娘小薇安相遇时，他们的精神世界自然展现了极大的差异。

电影的结局总是告诉观众两个人在一起了，但后续的故事并没有展现出来，因为写故事的人知道，会有更多的挑战在等着他们。精神世界的差异会给两人今后的生活带去许多问题，甚至更大的挑战。因为优质的男性不仅仅需要一位天真烂漫的女人，更需要一位能够理解他精神世界的伴侣。

我非常理解大多数姑娘希望嫁入豪门的心情，希望从此改变自己的命运。这个想法是美好的，但在现实中很难实现。就算实现了，后续的生活将面临着极大的挑战。如果姑娘们真的希望能和优质男性在一起，那么就应该紧跟他们的精神世界。

其实，中国古话中的"门当户对"是非常有道理的。豪门与平民之间的距离并非金钱和地位的问题，更在于精神世界的差异。豪门在一出生就处于一个高度，看到、接触到的生活和世界都与普通人有差异。他们可以给你想要的生活，可以让你衣食无忧，但是如果想要这种感情能够持续下去，你必须提升自己的精神世界。

　　亲爱的姑娘，在面对感情的时候，你应该对自身有一个清醒的认知：当你费尽脑筋想要嫁入豪门时，你做好了迎接来自精神世界的差异的准备了吗？身份的悬殊是很危险的，其本质问题还是精神世界的差异。说实话，最好的感情是不需要费多少力气的，那是一种最舒适的状态。

出走，只为更好地去爱你

> "我花了将近一年才来到这里，
> 其实要过那条马路并不难，
> 就看谁在对面等你。"
>
> ——王家卫《蓝莓之夜》

在某一段感情结束的时候，选择"出走"，和过去进行诀别和断裂，给自己一个全新的开始。

王家卫的电影《蓝莓之夜》可以总结为"出走"的故事。女主人公伊丽莎白（诺拉·琼斯饰）因为男友的劈腿，将钥匙留在了一家咖啡馆里。在与咖啡馆老板杰里米（裘德·洛饰）的相处中，两人不禁暗生情愫。一方是伤害自己的旧爱，一方是刚认识不久的新欢。她隔着一条马路，远望住处，看到了窗内的男友和另一个女人。后来，她选择用最长的方式去跨过这条马路：出走。

在"出走"的过程中，伊丽莎白在做服务生的酒吧里遇到了一个叫阿尼的警官,他酗酒成瘾,后来两人成了好朋友。阿尼因为妻子的背叛,最终自杀身亡,而他的妻子选择了离开。

后来,在赌场里伊丽莎白遇到了一个女孩,并与她同行一段旅程。在女孩的父亲死去后,又一段离开与遗忘之旅开启。之后,伊丽莎白买到了梦寐以求的车,踏上了66号公路。在这条公路上,她将一切都遗忘,而一切也从此开始。最终,伊丽莎白回到了原点,跨过了男友家的马路,而男友的房子早已转让。她来到了杰里米的咖啡馆,开始了新的人生。

也许某天,我们在刚结束某段感情的时候会遇到一个人。两个人情投意合、谈天说地、相处融洽。这个时候,两个人也许会跨过友情的界限。

正如影片中的杰里米,轻轻地抚摸着失恋中伊丽莎白的头发,像是在安抚一只受伤的小鸟。他们蜷缩在角落里,两颗心灵在相互依偎、取暖。

后来,他静静地看着伊丽莎白趴在吧台上睡去。伊丽莎白嘴边的蓝莓派留下的些许奶油,美得不可方物。杰里米轻轻地吻了熟睡中的女孩,一段牵绊就此开始。在此,观众可以看到,镜头中的伊丽莎白甜甜地笑了。

在此,界限的跨越真的很容易,触手可及。两个人可以立刻用恋人的关系捆绑对方,彼此占有,但这种轻而易举的得到便是失去的开始。一个女人在没有真正明白自己想要什么的时候,更应该给自己留一个"出走日"。这段"出走日"能够让人变得更加清醒。在这段日子里,你会去找寻、去遗忘、去整理心情、去断裂与过去的联系。

伊丽莎白告诉杰里米,她在离开的那晚来过咖啡馆,但是没有走进门,差一点儿便进去了。如果她进来,自己依然是曾经的那个伊丽莎白,而她再也不想做那个人了。伊丽莎白的选择是明智的,因为当一个女孩身处感情的缺口,或是遭遇生活的困惑时,不该寻求某个人作为情感的寄托。在这种时刻,"出走"才是最好的解决方式。"出走"不是永远地离开,而是在"出走"的过程中放下曾经,抛掉往昔的一切,成为一个崭新的自己。正是因为她爱上了他,所以她要变成更好的自己,忘记过去,这样才可以全心全意地去爱他。

在我们的一生中,也许会不止遇到一段感情、一个人。但是,当你跨过一段感情的时候,是否真的想清楚了呢?你对他到底是一种什么感情?你是否真看清了咖啡馆里到底是谁?如果伊丽莎白还是曾经那个她,咖啡馆里依然是旧爱,即使是不同的人,她心里存留的还是曾经。其实,彼此间的距离只有一道门那么近,但你是否清楚自己在以什么身份打开这道门?

王家卫喜欢讲述"出走"的故事,正是在出走中,男女主人公放下了过去,找到了更好的自己,开始了新的旅程。那些落寞的男男女女,似乎都在重复着同样的"出走"。

在电影《重庆森林》里,阿菲(王菲饰)偷偷爱上了失恋的警官633(梁朝伟饰)。阿菲偷偷潜入他的家中,偷偷换掉了一切。当633恍然发现家中都弥漫着阿菲的气息时,开始约阿菲。在这个时候,阿菲本可立刻和633在一起,但她落荒而逃,去了梦寐以求的加州。后来,当做了空姐的阿菲回来后，警官633已经盘下了她表哥的炸鱼薯条店。他们重逢后，相视一笑，一切尽在不言中。

在电影《春光乍泄》里，黎耀辉（梁朝伟饰）爱着不断给他带去痛苦的何宝荣（张国荣饰），而就在这个过程中，一个叫小张（张震饰）的男子闯入了他的生活。最终，黎耀辉再也无法忍受何宝荣带给他的一切伤痛，只身前往伊瓜苏大瀑布，结束了这段互相折磨的恋情。

后来，他回香港前在台湾停了一晚，在小张父母的店里他拿走了小张的相片。一切都重新洗牌，一切都重新开始，只是他已经不再是何宝荣口中"不如我们重新来过"的黎耀辉。

同样，在《蓝莓之夜》里，王家卫依旧延续了这种感情：微妙、小心翼翼。他让伊丽莎白花了将近一年的时间"出走"，最终回归。

当伊丽莎白回到咖啡馆门前时，男主依旧站在原地，只是他们两个人都不再是一年前的他们。男主留在原地忘记了曾经，而伊丽莎白通过"出走"与过去彻底决裂。这个时候，他们终于可以全心全意地爱着对方。

也许很多女孩会问，如果出走后，再也回不到原地了呢？我想，这就是"出走"的意义。如果你们都无法回到原地，那就说明你们都不是彼此要等的人。

很多人说过，要想忘记一段痛苦的感情，有两种选择：时间和新欢。只是，很多情况下，大多女孩选择了后者。这种方式只是一种情感的转嫁，或是某种依赖感的转移，并非对过去的告别。在这个世界上,有很多路是要靠自己走的,没有谁可以替代你去完成。

我们在"出走"中找寻、遗忘、回归……最终,我们在"出走"中学会更好地开始一段感情,学会更好地去爱一个人。

做心底明媚的女子

第六章

苦难：对人世留有一丝柔软

> 那天，你的世界一点一点崩塌，而你依旧对这人世保留了一份柔软，用一颗慈悲的心去应对此生的悲苦苍凉。作为女子，面对生命中突如其来的灾难，淡然以应。

历经劫难，对人世留有一丝柔软

> 苦难，不仅让我们变得坚强，
> 更让我们在看尽这人世的凉薄后，
> 依然留有一丝柔软。

我们一直在追问上天，为何让自己遭受苦难，为何让自己沉浮于惊涛骇浪的拍打中。也许你曾经有想放弃的那一刻，但最终还是坚强地走过那段时光。之后，你会感谢那段时光，感谢那段暗得看不到天日的岁月。因为那段日子，你变得坚强，变得不再惧怕一切。其实，过了很多年后你才会发现，那段时光带给你的不仅是内心的坚强，更是在看尽世间凉薄后留下的一丝柔软。

上帝是公平的，不会让我们永远沉浸在幸福的愉悦中，也不会让我们遭受永无止境的苦痛，因此我们总是在这两者间不停地转换。年轻的时候，我们把幸福看作生命的意义，把幸福看成人生的终极目标。那么，你可知道我们为什么能感知幸福呢？这源于人生中如影随形的苦难。

不知你是否记得上一次痛哭是什么时候，不知你是否记得送走至亲那天的悲伤欲绝，不知你是否还身受病痛的折磨，不知你是否还在人生中苦苦寻求着灵魂的救赎……很多女人在经历了生活的变故后会变得更加冷漠和悲观，对未来不再有期盼。她们的心在苦难中被击得粉碎，再无一丝暖意。心如死灰是一件非常可怕的事，意味着你的人生已走向了衰老和死亡。

伊丽莎白·格拉泽是美国著名的艾滋病运动家。她美丽、聪明，是电视剧明星兼导演保罗·迈克尔·格拉泽的妻子。她的生活原本没有忧愁，没有苦痛，更没有悲伤与彷徨。只是，随着女儿的降生，一切都改变了。那年，在生第一个孩子的时候，她因大出血接受了输血。没想到的是，在女儿4岁的时候，有一天她的胃部突然出现剧痛。检查后才发现，她当年输入了艾滋血，哺乳期时又将艾滋病毒传给了女儿，后来，还在子宫里的儿子也受到了感染。让人绝望的是，美国当年批准治疗艾滋病的药物只限用于成年人，因此她只能眼睁睁地看着年幼的女儿走向死亡。如果是一般人，在这一切面前早已经倒下，但这场飞来横祸没有打倒她，而是让她积极地投入到关爱艾滋患者的事业中去。她创立了儿童艾滋病基金，并且到处进行演说，呼吁社会各界人士加大对治疗艾滋病的投入。虽然她在1994年病逝，但她为艾滋病儿童做出了巨大的贡献。

在1992年的民主党全国人民代表大会上，她说自己一开始只是一位母亲，为了孩子的生存而战。然而一路走来，她不仅看到了美国社会对于艾滋病患者的不公，更看到了对穷人、同性恋者、有色人种、儿童的不公，当他们寻求帮助的时候，没有人会听他们的哭诉，更没有人向他们伸出援助之手。这场灾难改变了伊丽莎白·格拉泽的人生，让她从此积极投身于公共服务事业中去。

薰儿是我从小玩到大的好姐妹，乐观、开朗、阳光。我几乎从未见她流过泪，也从未见过她脸上有什么忧愁，与她在一起的日子，一切烦恼总是很快就会化作和风暖阳。每年回去找她，都会像小时候那样在床头和她聊天聊到深夜，谈着这些年的生活与趣事。这个时候，我们似乎都从未长大，似乎都没有改变。那年回去时，我发现她的话明显少了很多。

后来我才知道，她在怀孕3个月的时候流产了。当时她的老公在外地出差，只有母亲陪在她的身边。她说自己永远都不能忘记那日的情景——就在那一瞬间，陪伴她3个月的小生命与她告别，就此远去。

薰儿说自己突然变得很脆弱，什么都不想做，只想着那个已经去了天堂的小生命。在流产后的几个月里，她一直都无法走出来，一直都在责备自己。如果当时自己听话，按时去医院做检查，最后也不会失去宝宝。后来老公抱着痛哭的她说没有关系，安慰她以后还会有机会。不过，薰儿知道老公并不够了解一个小生命在体内慢慢长大的过程，那是生命的跳动。

流产后，薰儿两年内都没有再要孩子，因为她还惦记着那个去了天堂的宝宝。后来，她每周末都会带着自己做的蛋糕和饼干去孤儿院看望那些可爱的孩子。看到孩子们灿烂的笑容，她感到非常幸福。因为有这群可爱的天使，这个世界变得如此美好。薰儿说，宝宝的离开让她的心变得更加柔软，让她对这个世界更加宽容和慈悲。

不知你是否还记得张爱玲对胡兰成说的那八个字：因为懂得，所以慈悲。曾经的我们坚不可摧，曾经的我们不可一世，可是在暴风骤雨过后，心中更多的是一份慈悲和柔软。后来，你会变得更加爱这个世界，更加善待所有身处苦痛中与争议中的人。贫穷并不是因为他们不努力，同性恋并非是什么洪水猛兽，种族差异更不该成为偏见的代名词……

女人，愿你在历经劫难后，对人世依旧保留一份柔软和慈悲，愿天际的光照亮你来时的路，愿你的一生平安和喜乐。

在绝望中重生

你所经历的绝望之境，
不是永无翻身的死地，
而是孕育新生的开始。
暴风骤雨终有一天会过去，
而新的远行也即将来临。

绝望不是死地，而是孕育新生的开始。我们都曾被生活所迫，在逆境中硬着头皮坚强地前行。我们都是芸芸众生中的普通人，却在无数次绝望和摔打中成就了独一无二的自己。

2012年12月19日，朴槿惠当选大韩民国第18任总统，她也是韩国历史上第一位女总统，她的当选宣言是："我没有父母，没有丈夫，没有子女，国家是我唯一希望服务的对象。"这样的竞选宣言朴实而真诚，透着一丝悲凉，却又充满了一丝希望。

朴槿惠的父亲是前总统朴正熙，母亲是前"第一夫人"陆英秀。1974年8月15日，朴槿惠的母亲在参加某纪念活动时遭遇枪击，中弹身亡。22岁的朴槿惠得知母亲被刺杀的消息后便匆匆结束法国的留学生涯，回国后一度代母亲行使"第一夫人"的部分职责。但是，惨剧又接踵而至，1979年10月26日，朴槿惠的父亲在情报部长金载圭官邸吃晚饭时被枪杀。父亲离世后，朴槿惠被迫离开青瓦台，销声匿迹十几年。此生她拒绝婚姻，因为深刻懂得政治家庭的悲剧，更害怕重演那样的悲剧。

此刻，我们看到的不仅仅是一位政坛领袖，更是一位坚强而勇敢的女性。作为一位女性，20多岁时父母双双遭遇刺杀，从此以后拒绝婚姻，无儿无女。有这样经历的她，如今又重返青瓦台，是经历了多少精神的折磨，才能重燃与现实斗争的决心和斗志？

她在自传《绝望锻炼了我》中说道："人活在世上，难免会经历坎坷或苦难，也有可能经历背叛，这些都是无法逃避的。就像这天气，不可能永远都风和日丽。冷热交替，严寒酷暑，这些都是正常的。"在她质朴的叙述背后是无数次严寒酷暑的煎熬，是无数次日落月升的照面，是无数次孤独寂寞的等待。

当生活将你逼到走投无路的境地后，不要否定自身的价值，更不要畏惧前路的艰辛。你要相信绝处终会逢生，暴风骤雨过后终会有风和日丽。《孟子·告子下》说："天将降大任于斯人也，必先苦其心志，劳其筋骨，饿其体肤，空乏其身，行拂乱其所为，所以动心忍性，曾益其所不能。"在孟子眼中，苦难与绝境并非坏事，而是一个人将被上天委以重任的先决条件。当一个人能够经受住意志的摧残与折磨、筋骨的劳累、身体的饥饿、全身的困苦、各种打击的折磨后，才能塑造他坚韧的性格，增加前所未有的决心，最终成就一番大业。

我的外婆，也是一个坚强的女人。她小的时候，父亲因为过于老实本分，经常被人欺负、毒打。每次，当父亲在外被人打得满身是血的时候，是她把父亲带回来，为他清理、包扎伤口，将他整理得干干净净。她说这是一个人的尊严。但更不幸的是，外婆的父亲因为被冤枉偷牛角，上吊自杀了。这件事给外婆的冲击是巨大的，后来她发誓自己一定变强，这样才不会再被人欺负。在失去父亲后，作为大姐，她承担起了父亲的责任，带大了两个弟弟。

后来她嫁给了当兵的外公，随军队四处奔波。在外公退役后，外婆开了一家日用品小商店，生活简单、平静。那年外公与朋友合伙办了一家皮鞋厂，因为朋友的背叛，外公背上了巨额的债务。

那时还是90年代初，那笔债对他们来说就是天文数字。外婆绝望过、悲伤过，她说那是她一辈子都无法偿还的数字。不过，正像她小时候遭遇的那场大变故一样，她最终还是凭着惊人的意志力挺过来了。她不怕苦、不怕累，开始做炊具生意，售卖燃气灶、液化气瓶、油烟机……那时，她每天像男人一样装货、卸货。终于，她的生意越来越好，越来越红火，还清了所有的债务。现在的她，尽管已经不再年轻，但练就了一身钢筋铁骨。

曾经的她们，经历了家庭的变故、朋友的背叛；曾经的她们，在绝境中挣扎，在绝境中逢生；曾经的她们，苦苦寻求坚持走下去的希望,可却求之不得。一念之间,要么选择毁灭,要么选择重生。

女人,绝境在结束你过往的同时,也给你带去了新生。你所经历的绝望之境不是永无翻身的死地,而是孕育新生的开始。暴风骤雨终有一天会过去,而新生也即将来临。

缺陷，成就最好的人生

在成长的道路上，
一路走来，谁不是磕磕碰碰？
我们生来都是残缺不完美的，
生来都会遇到各种苦难。
可正因为这些缺失，
我们才能够缔造不可能，
让自己变得闪闪发光。

在这个世界上，姑娘们一生之中总会遇到大大小小的困难，甚至遭遇身体、人生的缺失和痛苦。的确，一路走来，我们不断在失去，又不断在承受。面对这些缺失，也许你会郁郁寡欢、封闭自卑。但是，请一定要坚强。其实，缺陷也是激发自身无限潜能的开始，能够让我们笑对一切无常。

那天，我去医院采访脊柱外科的颜医生。他讲了这样一个故事，让我久久无法忘怀：

一个 15 岁的女孩小兰从小就患有马方综合征，该疾病造成了脊柱侧弯、漏斗胸。随着脊柱侧弯不断加重，各器官受到压迫，心肺功能下降，消化系统功能衰弱，营养严重不良，身体日渐消瘦。在普通人看来很简单的跑跳和运动，对于小兰来说都成了奢望。

上体育课时，她只能站在远处，羡慕地看其他同学跑步、跳远、打羽毛球。更痛苦的是，随着病情的加重，小兰多吃几口饭都会呕吐不断，晚上睡觉稍一转身就会有钻心的痛，每天都会从梦中惊醒。那段离家只有 10 分钟的上学路程，她要走上近半个小时。每天上下五层楼梯，她更是要歇上两到三次。一堂 45 分钟的课，她必须趴 10 分钟才能熬过去。小兰的身体每况愈下，如果再不救治，那她身体的各部分器官就会衰竭，后果不堪设想。可是，面对这个问题，她的家人又无能为力。

在此之前，年迈多病的姥爷和姥姥带小兰奔波往返于各大医院求治。然而，由于小兰的身体素质太差，手术风险高达 80%，所以大医院都不敢为她做手术。除此之外，高昂的医疗费也让这老弱的一家只能望医却步……

小兰不仅遭受着身体上的痛苦，她的命运更是多舛。小兰的妈妈是一位电车售票员，上班虽然很辛苦，挣钱也不多，但是她真心疼爱这个女儿。不幸的是，在小兰不到 1 岁的时候，她的妈妈在工作中对接电线时发生意外，砸伤了头。手术后尽管保住了生命，但是脑部受到了严重的损伤，造成了智力残疾。

祸不单行，在小兰 10 岁的时候，不幸再次降临这个家庭。

一场突如其来的车祸夺去了父亲的生命。失去家庭的顶梁柱，整个家庭的负担都落在了小兰的身上。她说："爸爸已经不在了，我不能丢下妈妈。"小兰和母亲靠每月400多元的低保补助，再加上70多岁的姥爷、姥姥从退休金中挤出的一些钱过活。在这样困难的情况下，她不仅要洗衣服、打扫房间，每天还要为妈妈做两顿饭，用弱小的肩膀扛起一家人的生活负担。

小兰曾说："与其羡慕别人的生活，不如自己努力改变命运。"正因为生命中接二连三的缺失和苦难，小兰要比一般的孩子更成熟。妈妈由于智力残疾，所以平时非常难沟通，甚至还会乱发脾气。不过，小兰非常有耐心，总是像照顾小孩子一样去哄妈妈开心。

无助的生活一点一点折磨着小兰，但她终究没有被命运击倒。尽管遭遇了命运的诸多不公和考验，但小兰依然积极乐观。她品学兼优，成绩名列前茅，是全国三好学生。颜医生告诉我，在基金会的帮助下，小兰得到了救治，可以像其他同学那样正常生活和学习。

小兰曾经有一个心愿，就是要好好学习，长大后考上医学院当一名医生，治好自己和妈妈的病，能够帮助更多像她这样命运的人。是的，面对家庭所遭受的痛苦，小兰没有被击倒，而是积极面对苦难。

面对生活中的诸多缺失和不完美，很多姑娘都会郁郁寡欢，停滞不前。然而，还有一群像小兰这样的姑娘在不断地和命运抗争着。她们没有将自己局限在一个狭小的角落里，并小心翼翼地去轻抚那些伤口，或者沉浸在那些伤痛中。她们做出了反击，努力和这不公的人生对抗着。

　　亲爱的姑娘，尽管生命中的某些痛苦与缺失是无法避免的，尽管还没等你准备好就要面对生命中突如其来的苦难，但请不要因此彷徨不前，甚至失去面对生活的勇气。面对一切苦难与磨砺，面对世事沧桑，你可以用另一种态度去面对，可以缔造出更多的神话和可能，最终成就更好的自己。

以温柔之名,应对悲苦苍凉

作为女子,
何以面对生命中的悲苦苍凉?
——应以温柔。

温柔,是女人身上独有的特质,也让女人在岁月的碾压中变得愈加芬芳。让生命中那些痛苦的记忆,慢慢变成画布上的一抹水墨,沉静且美好。

很多时候,生命中有许多不可预测之事,面对那些悲苦,女性尤为脆弱。曾经,我们坚持过,抗争过,忍耐过。最后才学会,以温柔去面对这世间的悲苦苍凉。

她叫王荣,是我闺蜜的美术老师,也是以前的老邻居。她的一生有很多故事,可以写成厚厚的一本书。

王荣在出生29天的时候,就被送往江苏的姑姑家抚养。王荣的姑姑和姑父都是军人,非常疼爱他们的小弟弟,也就是王荣的生父。在王荣的爷爷奶奶去世时,父亲才9岁,是姑姑和姑父每月按时给他寄钱把他养大,直到父亲工作。

由于姑姑和姑父婚后多年没有孩子,所以他们在1959年的时候,收养了一个4岁的小男孩。到了"文革"期间,姑父被隔离审查、批斗,同时转业在当地医院的姑姑同样也受到了审查。那时,姑姑因为精神压力过大,在1968年8月跳楼自杀。幸好抢救及时,才保住了性命,但永远无法站起来,瘫痪在床上。

就是此时,姑姑的养子做出了离开养父母,回到亲生父母身边的决定。他和养父母发生了一场争执,并打伤了养母,抢走家中的钱,离开了。

在身心的双重打击下,姑姑一下子崩溃了,并患上了精神分裂症。王荣的父亲得知姐姐和姐夫的遭遇后非常心疼,认为只有孩子才能帮助他们。于是,和妻子商量后,将自己的小女儿王荣送到江苏给他们抚养。

小王荣的到来,为这个历经磨难的家庭带来了许多欢乐和爱。但是,苦难并没有结束。1980年,姑母和姑父的养子寄来家书,说是无法忍受亲生父母家的贫寒,要求已被平反的养父母将自己重新调回江苏。姑母和姑父心念养子,于是将其调回,并且用尽自己补发多年的工资,为其成家。

1992年,当王荣以优异的成绩被分配到广东珠海,并获得了出国深造的机会时,不幸再次发生。姑母因严重的糖尿病昏迷入院抢救,与此同时,养子却瞒着所有人办好了自己的调动和孩子的转学手续,再次抛弃了这个家,至今音讯全无。在这种情况下,王荣二话没说,辞职回家照顾姑母。

祸不单行,在1997年,姑父因脑梗死瘫痪。1998年,姑母的精神分裂症越来越严重,常常出现幻觉,见到人就说王荣夫妇给自己下毒，这让周围人对王荣产生了很大的误解。家庭的不幸，加上亲朋好友的不解，使王荣一家经受了巨大的压力，特别是王荣的丈夫。2001年底，王荣的丈夫申请去外地工作，并于次年提出了离婚，离开了她和不足两岁的女儿。这个时候，王荣并没有倒下，而是坚强地扛起了整个家庭的重担。

在如此艰难的情况下，王荣放弃了很多工作机会。在孩子出生后，她为了给宝宝一个快乐的成长环境，同时也能有更多时间照顾老人，她决定自己单干，并于2002年底向教育部门申请了市区第一家早教中心的办学资格。

此外，她还在《家教周刊》上开辟了《天天妈妈说宝贝》专栏，在当地论坛上开启了点击量达20多万的《天天妈妈说宝贝——家庭教育问题》专帖。现在，王荣已经是教育心理学硕士、市作协会员，且被当地电视台聘为少儿教育栏目的策划顾问。

面对生活里的大风大浪，王荣没有倒下。在照顾姑父母、女儿的同时，她还努力工作，为教育事业做出了巨大的贡献。当别人问她是否累的时候，她只是淡淡地说道："这没什么，他们将我辛苦养大，这都是我该做的。我非常爱他们，有他们在就有家。"

经历了那么多，王荣的脸上依旧流露着最温柔的笑容。她说："其实，这些都没什么。苦难磨砺了我坚毅的性格，让我笑对人生中的一切悲苦。正因如此，我更应该好好努力，不仅仅为了姑母和女儿，更为了我自己。我不能倒下，因为她们需要我。"那一刻，我终于明白了温柔的真正含义和力量。

女人，请不要被命运的枪林弹雨所摧残，也不要让自己葬送在命运的刀光剑影中。面对生命中的悲苦，请用温柔的名义，笑着和它说一声：你好。

那些坚强地走在时光中的女人，不再惶恐与不安，更不再徘徊与不前，而是用一颗温柔、慈悲的心融化了这苍凉的岁月。

是的,我只能不断地奔跑

因为没有庇护所,
所以能够勇往直前;
因为没有保护伞,
所以无惧毒辣的阳光;
是的,我只能不断地奔跑,
才不至于被生活所抛弃。

曾经,我们并不明白苦难的意义,更不懂该如何去面对苦难。我们在苦难面前懦弱、彷徨、惴惴不安;我们痛恨苦难,因为它夺走了我们应有的一切,因为它让我们胆怯、退缩,让我们怀疑人生的价值。可是,你是否想过苦难的意义到底是什么呢?我们在苦难中又能得到什么?

她叫艾米·穆林斯,天生没有小腿腓骨。在 1 岁的时候,她就做了膝盖以下的双腿截肢手术。父母为了让她像正常人一样生活,并没有对她过多关照。她本来也许会一辈子都摆脱不了轮椅的束缚,背负失去小腿的压力,承受外界偏颇的眼光。但是，艾米凭着自己的坚强与毅力，走上了另一条路。两岁的时候，她就学会了用假肢独立行走。她说自己从小就和义肢共同生存、走路、跑步。她从来没有坐过一天轮椅，并且和同龄孩子一起玩耍，爬树、骑车、带球过人一样都不少，唯一的不同就是她是用义肢来完成这一切的。

其实，艾米的人生走上截然相反道路的根本原因是，她从来没有觉得自己有什么缺陷。当别人夸她的腿非常美，根本就不像残障人士时，她反而觉得很奇怪，因为她从来没有觉得自己是残障人士。正因为这种对人生的态度，她在高中时期就成了垒球运动员、滑雪能手，在20岁的时候参加了美国亚特兰大残奥会，并且缔造了新的世界纪录。

后来她去了美国乔治城大学攻读历史和外交，在节假日时她会作为情报分析员在五角大楼里实习，在这个249人的部门里，她是唯一的女性。她还是美国大学生体育协会第一级别田径比赛的首位双腿截肢选手。她不仅在运动场上创下两项世界纪录——女子100米跑和女子跳远，还在其他领域进行着尝试。毕业后，她去T台上走过秀，又在马修·巴尼的《悬丝》中以豹皇后的形象出现，还担任了体育电影节的官方大使。

艾米·穆林斯将各种不可能一一变成了可能，并缔造了更多的奇迹。她在演讲中说义肢的作用不再是代替身体缺失的部分，它更给佩戴者带去了无限的想象，创造出了更多的不可能。她鼓励那些和她一样的人，告诉他们可以成为塑造自己身份的建筑师，挖掘出更多的潜能。她将缺失变成了获取更多力量的转折点，也是突破人类自身限制的源泉。她赞美那些令人心碎的力量，因为这些战胜缺失的力量，更多人才变得闪闪发光，成为不一样的自己。

生命中的苦难和缺失让我们在跌落的同时，看到了自身的平凡，更看到了自身的无能为力。不过，在此基础上又让我们变得不平凡，因为我们想去超越，想去证明自己还没有被苦难所打倒。每一个伟大的生命个体背后，都潜藏着某些不为人知的痛苦，但这些痛苦并不是你的软肋，而是引爆你斗志和热情的力量。

其实经历苦难是一个改变的过程，也是一个慢慢认识自己、抵达自己灵魂深处的过程。在这个过程里我们变得谦卑、宽容，变得更爱这个世界，变得更善待他人。当你体会了食不果腹后，才会发现一碗白粥、一个馒头的价值；当你经历了生活的颠沛流离后，才会发现安稳平静的价值；当你失去了最爱你的人以后，才会对曾经无微不至的关爱记忆犹新。后来，我们变得不再那么较真，开始接受生活中的一切不完美，开始接受生活中的某些残缺。后来，我们开始学会宽容，学会放过那个犯错的自己，学会原谅。后来，我们开始变得慈悲，开始去帮助那些身受苦痛的人。

是的，因为没有可以依靠的人，所以我们才能变得坚强和独立；因为没有庇护所，所以我们能够无所畏惧、勇往直前；因为没有保护伞，所以我们无惧毒辣的阳光。是的，这一生我们只能靠自己，只能不断奔跑着才不会被生活所抛弃。

第七章

简约：选择一种远离尘嚣的生活方式

那天，你素面朝天，脱下高跟鞋，做回最简单的自己。作为女子，拥有一颗纯净的心，在面对纷繁复杂的工作与生活之外，给自己留有一个空间，远离尘嚣。

在网络时代，选择一场逃离

> 曾经，我们还没有身处社交网络，
> 曾经，我们还没有被信息垃圾包围，
> 曾经，我们活得洒脱、真实……
> 姑娘，愿你在这个网络时代，
> 选择一场逃离，
> 哪怕只有一天。

不知道有多少姑娘每天睡前的最后一件事是放下手机，清晨醒来的第一件事是拿起手机。渐渐地，手机成了陪伴你走过生命中孤寂时光的必备，同样也成了腐蚀你生活的慢性毒品。

亲爱的姑娘，当你在这虚拟的世界里寻求着存在和愉悦时，却失掉了身边触手可及的幸福，拉远了自己与身边人的距离。

在餐厅里，我们总能看到几对这样的情侣：神情淡漠地相对而坐，面前摆放着两杯还留有一丝温热的咖啡。他们的指尖在手机屏幕上飞快地滑动玩着游戏，或者与虚拟空间中的另一个人谈笑风生。这个时候，你也许很难想象他们是热恋中的或是曾经深爱的伴侣，反而更像是彼此生命中的匆匆过客，或只是在路上碰巧遇见的朋友而已。

又或许，你和闺蜜们约好了一起吃饭、逛街、看电影，然后大家开始将今天吃的美食、扫的衣服、看的电影票根统统拍下来晒进了朋友圈。你们坐在一起，开始纷纷为对方点赞，接着是回复各自朋友们的留言。这个时候你也许会有一丝怀疑：眼前的这些姑娘还是自己的闺蜜吗？她们仿佛生活在他处，更喜欢和另一个时空的人聊天，而不是眼前的你。

不知你是否还记得除夕的那天晚上，当父母为你准备了一桌年夜饭时，当一家人坐在电视机前时，当他们期盼着听你讲述这一年的酸甜苦辣时，你却低头在微信里和朋友们吐着槽，或者在盯着手机屏幕时刻等待着抢红包。这个时候，你是否会看到父母欲说还休的表情？他们以为你在忙着什么重要的事，而你只是将时间花在了这个虚拟的世界里，享受着那种看似真实的狂欢。

我们每天都会接收到大量的信息碎片，可我们并不知道该如何筛选这些碎片。你习惯性地每天去打开朋友圈，用指尖刷着别人的世界，观望着别人的生活。你习惯性地每天去刷微博，刷着时刻更新的热门话题，看着各种不知真假的文章，还在沾沾自喜地认为在吸收知识。你习惯性地每天去逛逛淘宝，看着电商们限时的抢购活动，将一堆不需要的商品收入购物车，然后心满意足地点击付款。你习惯性地和QQ上的好友有的没的聊上几句，一天也就这么过去了。

社交网络的确拉近了人们的距离,让我们对远方朋友的思念和牵挂从焦虑地等待书信,变成了一秒内的点赞、评论或转发。可是,这种快捷的方式也让朋友间再也无法体会到那种为了相聚而跋山涉水的幸福与期待。曾经,如果不通过书信联系、不经常见面,那么你们消失在彼此的生命中是一件非常容易的事情。社交网络的出现,让我们可以保持与朋友的紧密联系,但同时,也让我们失去了很多亲近的朋友。后来,当你想找个人说心里话的时候,你才发现在QQ和微信圈的一长串好友名单中,竟然找不到一个人。

　　有时我的确很喜欢老一辈的生活方式:他们不知道什么是朋友圈,也用不着去筛选各种各样被复制粘贴的文化垃圾。他们不懂在网上买书,所以会去书店待上一天,静静地选择几本读物,感受那种纸质书的厚重感。我还记得小时候,看书是一件非常容易的事。因为没有各种信息的干扰,所以你会静下心去看一整天书,之后会将体会记录下来。如今,捧着纸质书入睡成了一件多么浪漫却又奢侈的事。如今,我们再也无法找到这种安宁而踏实的感觉。

　　各种实体商店的关门是一件非常可怕的事情。我们再也无法体会在商店里去试穿各种衣服、鞋子的快乐,我们更少了那种和家人出门大采购后满载而归的幸福感。渐渐地,我们习惯性地从熟悉的快递小哥手中拿到某件商品,满怀期待地打开,最后失落地将它扔到一边或者退还回去。如果有一天,当你看着萧条、落寞的商业街时,会不会对曾经的繁华有一丝怀念?在那些街头小巷,到处都留下了你和家人、朋友的回忆与足迹,那些流淌于岁月里的点滴,都是你生命中永远的珍藏与美好。

卢梭在《瓦尔登湖》中对生活有着这样的感悟:"我愿意深深地扎入生活,吮尽生活的骨髓,过得扎实、简单,把一切不属于生活的内容剔除得干净利落,把生活逼到绝处,用最基本的形式,简单,简单,再简单。"百年后的今天,当我们再回味这句话的时候,是否有一丝触动?现在,我们正渐渐远离那种踏实感,取而代之的是大量的网络垃圾带来的精神麻醉。

在这个时代,社交网络的兴起与繁荣必将推动人类文明的进程,并且将给我们的生活带来天翻地覆的改变,但请千万不要让朋友圈、微博、淘宝、QQ成为你生活的全部,而这也绝不是社交网络的初衷。

姑娘,愿你在这个网络时代能够选择一场逃离,哪怕只有一天。那个时候,你将体会到真切且踏实的存在感。

关于房间的信仰

> 我们居于此,
> 感受清晨的第一缕阳光,
> 感受夜幕的最后一丝静谧。
> 这里安放着,
> 我们对生活的希冀,
> 以及信仰。

福克纳在《八月之光》中写道:"整洁简朴的房间带有礼拜日的意味。窗边,微风轻轻拂着打着补丁的帘子,送进新翻的泥土和野苹果的气息。"在这样的房间里,我们似乎能体会到主人对生活的希冀,以及对生命的虔诚信仰。在这样的房间里,我们总能心生一丝敬畏,以及感恩生活的心情。

房间在一个人的生活中扮演着至关重要的角色。我们每天在这里感受清晨的第一缕阳光,伴着黑夜里最后一丝光亮说晚安。我们四处奔走后留下的疲惫在这里得以安放,之后我们又于此地重新远航。

我们能从一个屋子的整洁度和布置窥探出主人灵魂深处的一丝隐秘。在我们身边，有很多这样的姑娘：长得如天仙般貌美，可是她的住处完全没有可让人落脚的地方。你会看到屋子里七零八落的鞋，以及随意扔在沙发上、床头的衣物，还有洗浴间里没有条理的瓶瓶罐罐，久未清理已经泛黄的水池，留有食物残渣的锅碗瓢盆……当你看到与她华贵的衣服、精致的妆容完全相反的房间时，是否会有一丝怅然若失之感？

外在的一切华贵与精致都是给别人看的，而家才是你面对自己人生的态度和信仰。也许你会说平时太忙了，没有时间做家务。可是你就宁愿花费大把的时间将修饰后的自己展现给别人，也不愿意留些时间去为自己布置一处美好而温馨的生活环境？

姑娘，当你真正开始爱自己、愿意面对自己的时候，也许就会更注重家居环境了。因为你的内心不再受外在环境的干扰，不会将愉悦他人的眼球视为生活的重心，取而代之的是将愉悦自己摆在第一位。其实，很多时候我们并不知道工作与社交到底是为了什么，更不懂"家"的重要意义。就算工作再忙碌、饭局再多，你终究是要回归那个属于自己和家人的小天地的。当你拖着疲惫的身躯回到住处时，整洁的房间能够让你的心情舒畅，更能忘却一切纷繁复杂的工作与人际关系。

你的居住环境就像一面镜子，折射着你的心灵、生活态度、思维方式和人生。很多姑娘凌乱的房间往往被无尽的杂物所充斥，多半是她们不舍得丢掉的旧物，或许她们觉得那些旧物终归会派上用场，这种思维方式正是导致房间的整体布置被破坏的关键所在。

也许，你总以为那些包装食品的礼盒或是瓶瓶罐罐日后一定会派上用场，殊不知，你本来可以收纳其他有价值物品的柜子成了这些废物的集中地。当你看着本来足够大的空间，却为何如此杂乱无章的时候，你就会发现你的生活早就被许多根本用不到的物品所包围。因此，如果你要整理杂乱无章的房间，就必须丢掉那些已经失去价值的物品，为那些真正有价值的物品腾出空间。

整理房间也是一个再次筛选的过程。姑娘，请不要把那些已经成为过去式的人留下的物品当成珍藏，在他早就将你忘得一干二净时，你又何必要浪费一处空间给他？还是腾出有限的空间给那些将你视为珍宝的人吧！

不舍和恋旧是女人的弱点，因为她们总是期盼着从某种回忆里寻得一丝往昔的美好和某种感动，但是一个被旧物与杂物充斥的房间，何尝不是一个女人被各种人与事所干扰的焦躁又不安的内心呢？何尝不是那种不敢面对未来的慌张与惊恐的表现呢？所以，你必须适当地去清理自己的物品，以借此整理你的心情。正如你手机界面上那一堆从来没有用过的 App 一样，千万不要想着总有一天会用到。你想着那些旧衣服可以通过你灵巧的双手变成一条围裙、一个抱枕套，或者是一双手套、一个挎包，可是姑娘，如果你并不喜欢女红，或并没有时间去做这些事，那么还是打消这个念头吧。请相信，现在你不会去做，以后也不会去做。也许你会反驳道，App 删了还能下载，而那些旧物扔了以后就再也找不回来了。你当然可以坚持自己的观点，不过这会使你陷入一种恶性循环中，将你的房子变成一个巨大的旧物储藏室。

如果你能想通这个事实，那就开始为自己的人生做一次减法，丢掉那些没有任何价值的杂物吧。

　　房间应该是我们最隐私的处所，所以我们更应该精心布置它。请不要将我们的住处只当成睡觉的旅店，早出晚归，不带任何感情与色彩。那里应该存放着美好与珍贵之物，以及我们对生活的希冀与信仰。

不用过分看重别人在你生命中的参与

> 因为看重他人的眼光，
> 所以不遗余力地去伪装自己，
> 为自己贴上一个完美的标签；
> 因为害怕孤独，
> 所以喜欢扎堆人群，
> 喜欢在社交网络中寻求某种存在感。
> 这样的人生真的很累。

很多姑娘因为过于看重他人的眼光，所以会不遗余力地去伪装自己，给自身贴上一个完美的标签。却不知，这让她们的人生似乎变成了摆放在展览架上的物品，只是为了他人的评价而存在。说实话，这样的人生太辛苦了。

不久前，一位来自澳大利亚昆士兰的18岁女模特决定关闭自己的Instagram。她12岁的时候便踏上了模特之路，并且在Instagram上拥有57万粉丝。她在退出视频中谈到自己为了塑造社交网络中的形象，让自己的生活变得多么糟糕。

她揭秘自己贴出来的那些看似很美的照片背后所花费的时间和精力：为了拍摄效果，她化着大浓妆，穿了紧身衣，佩戴各种笨重的珠宝。为了一张照片要反复拍摄50多次，之后再通过各种不同的App，耗费很长的时间去P（修）一张受到认可的图。她觉得19岁的自己太过注重身材而忽略了其他更美且真实的事情，比如写作、探索、游玩。现在，她很讨厌在这些毫无价值的东西上找到某种存在感。姑娘的控诉引起了众多网友的共鸣，也得到了大家的支持。

尽管这件事后来被认为是一场炒作，但还是让我们对社交网络有了一定的反思。尽管这位姑娘的诉说也许有添油加醋、过分夸大事实的成分，不过她确实揭示了人性中的某些弱点——太过看重别人在自己生命中的参与，以及他人的眼光与评论。

你可以上传那些美丽的照片，也可以发表自己的心情，但如果为了一张照片耗费了大部分的时间和精力，仅仅为了得到一群人的点赞或众人的艳羡，那么你就已经将他人放在了高于自己的位置。慢慢地，你会发现生活中一切美妙的事情都变了味。当你发现自己去旅行、健身、吃饭、听演唱会仅仅是为了在朋友圈里发一张图片时，你将再也无法体会到这些事物带来的纯粹快乐。取而代之的是，你必须绞尽脑汁地去想一堆与照片相匹配的文字，然后再绞尽脑汁地去回复各种朋友的评论。

在没有社交网络之前，我们同样会被周围人的眼光与评价所困扰。从小，我们似乎就成为父母之间攀比的工具，久而久之也习惯了这种比较，后来也开始在乎自己在同学、老师眼中的印象。后来,我们会越来越受到这种眼光的制约,慢慢成了笼中鸟。我们的人生似乎就是为了他人而活,做的一切都是为了给他人看。

在网络时代,很多人的生活更是背上了一个沉重的包袱。他们渴求对方能了解自己,于是会在朋友圈里发许多关于自己生活的照片,配上许多对生活的感悟。你热切地期盼自己能参与到别人的生活中去,扩大自己的交际圈,但这种做法只会适得其反。也许有的时候你发的内容并不受大家的喜欢,反而招来别人的嫉恨或憎恶。

其实,你的人生已经足够丰富多彩,又何必再去刻意地认识更多的人,甚至试图向更多的人献媚呢?这并不能让你更长久地去维系一段关系,与此同时,你不免也会为了迎合而慢慢失掉自身的独立性。可见,这是一种完全得不偿失的做法。

人的一生很短,况且心的空间也只有那么大。谁对你真,谁对你假,你完全可以感受得到。你不可能,也没必要和所有人都亲密无间,所以也没有必要非将所有人都请进你的生命之中。常言道,锦上添花人人有,雪中送炭世上无。有一天,在你最悲伤绝望的时候,或许第一个离开的便是那个与你朝夕相处、吃喝玩乐的人。如果真的有那么一天,请不要太过悲伤,因为你将看清哪些人对你来说才是最重要的。

在聂鲁达的诗歌《似水年华》中有这样一段写道:

> 在双唇与声音之间的某些事物逝去,
> 鸟的双翼的某些事物,

> 痛苦与遗忘的某些事物,
> 如同网无法握住水一样。
> 当华美的叶片落尽,
> 生命的脉络才历历可见。

因为黄磊的电视剧《似水年华》而记住了最后那两句诗,也记住了诗人聂鲁达。很多年后再回味这首诗歌,却感受到了更深刻的东西。正如我们所经历的一切,无论是痛苦还是快乐,都如同那无法把握的水流一样,终将逝去。当一切繁华与落寞都烟消云散后,我们终将看到生命最本真的东西。其实,生活就是自己的,和他人无关。

姑娘,你无须太看重别人在你生命中的参与度,也无须太看重自己在他人眼中的形象。你的身边只要有三两个真心实意的伙伴,既能陪你度过生命中的严冬,又能陪你享受人生中的繁华绚烂,那就足够了。人生的意义并不在于获取,而是在经历后懂得放下与舍弃。当你开始舍弃某些事物的时候,你才能得到更加纯粹、更加宝贵的那些。

生活是一件慢条斯理的事

> 我们渴望成为这个时代的英雄,
> 凭借自身的努力与奋斗,
> 去完成那些遥不可及的梦想。
> 殊不知,
> 我们却将自己葬送在这种高速运转、
> 永不停息的生活中。

这些年,我们总是步履匆匆,和时间追逐赛跑;这些年,我们的生活总是围绕着考不完的试、忙不完的工作;这些年,我们已经无心感受生活中的小美好,再无心情浇筑自己的内心世界。

朱光潜在《慢慢走,欣赏啊》一文中提到在阿尔卑斯山谷中的一条大路旁插着一条标语:"慢慢走,欣赏啊!"这个标牌在劝告游人不要匆匆行过,而是留下一点时间去欣赏山谷中的风景。其实,慢下来是一个非常微妙的过程。在这个过程中,生命中的一切似乎变得清晰可见。我们慢慢地行走,便能感受到道路两旁的美好。

　　枣儿是我很喜欢的一位姑娘,在外企工作,每天都很忙碌,也会有很多应酬与加班。不过即便如此,她每天都会花一个小时去练瑜伽。她说在练瑜伽的那一个小时里,自己才真正触碰到生命的某种存在。在呼气与吸气之间,身体开始变得柔软与缓慢,心情也莫名地变得平和,烦恼与躁动不安也得以释放。

　　枣儿告诉我,在很久之前,她觉得自己应该趁着年轻不断地去拼搏,不断地去努力,这样才能在那座城市里站稳脚跟。只是随着年龄的增长,她慢慢发现自己一直都在围着工作转,为升职加薪绞尽脑汁,随之而来的是颈椎的酸痛、整个身体机能的下降,以及使用再昂贵的化妆品都无法换回的青春。看着日益暗沉的皮肤、熬夜加班换来的黑眼圈和眼袋,以及那像是老了十岁的身体年龄,枣儿开始反思自己到底得到了什么。她开始慢慢明白,用身体的健康换来的功名利禄都是过眼的云烟,不理智且很愚蠢。后来她开始规定自己的作息,就算工作不能完成,过了11点必须睡觉。因为工作永远是做不完的,而身体的健康是有期限的。与其高速运转去消耗它,不如放慢生活的节奏去保护它。

　　还记得在海南生活的那两年时光里,我整个人的节奏都放慢许多。那里的人有着自己的生活态度与方式。在海南,你走几步就可以看到一个茶吧,而喝茶是当地人必不可少的生活。他们可以喝一下午的茶而不去担心工作或者赚钱的事。每到节假日,这里的人会带着一家老小去海边露营、烧烤,在海天之间一切都被忘却,一切都显得微不足道。那里的人会为了当地的生态环境，宁愿放慢发展，也要抵制造纸厂入岛。那里的人不会牺牲自己的休息时间去赚钱，更不会以损害自己的身心健康为代价去营利。

初到岛上的时候，我有点儿无法适应这种慢节奏的生活，甚至有一丝担忧。当适应后，我又害怕自己再回去的时候全然跟不上城市快节奏的步伐。不过，这种担心显然是没有必要的，因为生活节奏的快与慢完全掌握在自己的手中。一味地以牺牲居住环境和身心健康来获取某种经济效益、实现某种人生价值，是一件多么得不偿失的事。如果每个人都放慢自己的生活节奏，那么整个城市的步伐也会慢下来，而环境污染、亚健康等问题都将有所好转。

也许，你已经习惯了压力下快节奏的生活，习惯了在步履匆匆中度过每一天。你会告诉自己，只有工作出色，才能得到老板的赏识，才能升职加薪，才能有更好的发展机会，才能……这么多假设成了你为之忙碌的动力，也成了你生活的全部。最后，你会发现自己完全沦为工作的机器。看着永远做不完的工作，以及这无限循环的人生，渐渐地开始痛恨生活。

林清玄说："浪漫，就是浪费时间慢慢吃饭，浪费时间慢慢喝茶，浪费时间慢慢走，浪费时间慢慢变老。"是呀，生命中我们可以感受的美好与浪漫，都是那些被定义为"浪费时间"的事情。为了工作，我们开始忘记吃饭，或者迅速、简单地就去解决一餐。其实，享受食物是一个非常美妙的过程。我们慢慢地去品尝，体会烹饪者在食物中注入的爱与感恩。我们慢慢地去烹饪，体会生活中的五味杂陈。为了工作，我们开始忘记了生命的最终意义。我们会发现自己变成了工作的奴隶。我们会发现自己在为了工作而工作，为了忙碌而忙碌，全然忘记了工作只是生活的一部分，也忘记了生活中还有其他更重要的事情。

慢，是一种生活态度，代表着我们对人生的选择。即使每天必须周旋于繁乱的人际关系中，或者不得不去处理大量繁杂的事务，你都应该有一段放慢脚步的时间。即使是一个小时的"慢生活"，都会让你的人生发生改变。这种"慢生活"对女人来说是非常重要的，因为在这个纷乱复杂的世界里，在这个以男权为主导的世界里，我们必须清楚自己到底想要什么，也要意识到自己的生活不该被男权主导，更不该被某种潜在思维左右。

生活本身就是一件慢条斯理的事，当我们放慢自己的生活节奏时，我们对生活的意义的理解也会有所改变。

素面朝天，只为取悦一次自己

那一天，
你扔掉了高跟鞋，
素面朝天扎着马尾辫，
穿着宽松舒适的衣服，
走在如潮的人海中。
那一刻，
你只为取悦自己。

姑娘，你是否每天都会提前半个小时画一个精致的妆容，然后踩着高跟鞋、穿着得体的衣服出门？你是否为了保持身材，不得不控制饮食，不吃油炸食物和蛋糕甜点，不喝碳酸饮料和奶茶？食物带给你的不再是欢愉，而是小心翼翼和痛苦不堪。为了给别人留下最好的印象，你一直保持这些习惯，却全然不知自己的皮肤被化妆品严重伤害，以及身体中随之而来的各种问题。

精致的妆容能够让你在人群中脱颖而出，能够让你得到更多机会、更多异性的垂青。此外，适当的妆容也能遮掩岁月在一个女人脸上留下的印迹。当然，也有人会说化妆是对你所见之人的一种尊重。可是，这一切都更多地是为了迎合别人，将自己的生活限制在某种被称之为"美丽"的符号与标准下。当你越来越享受妆容带来的优越、高跟鞋带来的自信、珠宝带来的虚荣时，你将无法摆脱这些东西的束缚。你不敢再素面朝天地出门，不敢踏着平底鞋轻松步行，更无法离开那些奢侈品的光芒。

还记得在中学的时候，我们根本不必被这些所左右，随随便便扎着马尾辫，穿着白球鞋、运动服，就能快乐地蹦跶一天。后来，我们渐渐地被这个世界"驯化"，力求做一个不动声色、美丽优雅的女人。我们在某种男性标准下改变着自己的面容：要长发飘飘，要穿着各种仙女般的裙装，要记得笑容的尺度，以及身材的标准。那些铺天盖地的美妆教程让我们眼花缭乱，而我们如同一头困兽，深陷其中，无法自拔。

只有回到家一个人的时候，才能将这些负重一股脑儿地抛掉，洗掉脸上那层厚厚的化妆品。你看着镜子中最真实的自己时，是否有过一丝担心，当你喜欢的人看到素颜的自己是如此普通、平凡的时候，他会离开吗？

记得很久之前的某条新闻报道，一对情侣在地铁站大吵，原因是男友要带女友去见自己的朋友，可看到没有化妆的女友时非常气愤，要求她立刻回去化妆，说是根本无法带着素颜的她见人。两个人为此吵得不可开交。姑娘，如果你遇到这样的男朋友，那还是趁早分手吧。如果一个男人只能欣赏你化妆的样子，而不能容忍你素颜的样子，即使他的条件再优秀，也不要有一丝留恋。他迷恋的只是那个拥有精致妆容的你，迷恋的只是你为他带去的那种虚荣感。这种人只能陪你度过繁华的岁月,却无法陪你守住平淡的流年。

也许有人会说,不是每个女人都有资本不施粉黛,那需要强大的基因。是的,对于很多相貌平凡的姑娘来说,化妆可以为她们提供更多的机会。毕淑敏说:"素面朝天不是美丽女人特有的专利,而是每个女人都可以选择的生存方式。"姑娘,你大可不必完全抛弃原先的生活方式,因为你的工作环境也不允许你那么做。只是请在一周里选择一两天的素颜生活,去感受它给你带去的轻松与愉悦。选择素面朝天意味着你将告别曾经的某种生活方式,意味着失去某些东西,当然也意味着得到某些东西。素面朝天后,你会看清一些人的真面目,当然也会清楚地知道自己最想要的生活是什么。

姑娘,当你脱掉高跟鞋,穿着平底鞋、T恤和牛仔裤,不施粉黛、素面朝天地走在人群中后,你将体会到一种别样的心情。你将不会在乎自己在别人眼中的形象,更不必为了保持某种形象而约束自己。你可以大胆地去尝试一手拿着甜筒、一手举着烤肠的自在。你也可以完全隐没在人群之中,享受那种普通而平凡的快乐,享受素面朝天带来的自由自在、无拘无束。此外,你可以选择去放纵一次,尝试炸鸡、薯条和可乐的搭配,尝试着高热量的巧克力蛋糕带来的愉悦和满足,尝试着不用控制体重带来的那份轻松。

亲爱的姑娘,请为自己放一天假,脱下高跟鞋,素面朝天地扎着马尾辫,穿着宽松舒适的衣服,走在如潮的人海中,吃着想吃的垃圾食品,自娱自乐哼唱着小调。那一刻,你不需要在别人面前塑造一个完美的形象。那一刻,你仅仅为了取悦自己。

小心影像时代的"阴谋"

> 现代传媒制造了许多假象，
> 让我们沉醉其中，
> 更让我们忘记了生活最初的意义。

在影像社会，姑娘们的生活总能被某些表象所牵引，这些表象看似真实，其实只是有一副华丽的外壳，内里却是空洞与腐朽的。对此，我们该做的就是看清其中的"阴谋"，不忘生活最初的意义。

看着电视和电脑屏幕上眼花缭乱的广告，人们总是陷入深深的恐慌中。这种恐慌不是饥寒交迫、不是经济危机、更不是世界大战，这种恐慌是受到某种诱惑而引发的心理大战。因为这种恐慌，我们拼命地熬夜，努力地工作、赚钱，然后去实践广告标语中的生活，购买大量不需要的产品。但是，这一切都只是浮于表面、无法深究的。人们沉迷于影像所呈现的生活，相信自己某天能成为明星、富翁，可最终他们依旧是再平凡不过的普通人。

影像生产力的增强将人们推向了一个全新的世界——现实与影像之间的差别逐渐消失，日常生活以审美的方式呈现。在科技与秩序的不断更新中，人们不断地用虚拟、仿真的方式来建构世界，现实与表象之间的区别也由此逐渐消解了。影像给大众带来的这个仿真世界，让他们以为影像就是世界。人们迷恋于影视中的超级英雄、爱情、物质等具有乌托邦式的文化，因为这些商品符号赋予了原来事物以新的意义，为他们营造了一个梦幻的世界，而这个仿真的世界正是商家诱导人们去消费的东西。

最近看到一条非常有趣的网络流行语："你所有被人称道的美丽，都有PS的痕迹"。听到《南山南》中的歌词被网友们恶搞，不禁觉得有些好笑和讽刺。的确，影像社会给我们带来一场华丽的视觉盛宴，同时也给我们带来一场无与伦比的欺骗。看着一张张被PS过的日趋相同的"网红脸"，我们不禁陷入深深的恐慌中：这个世界上还有什么是真实可信的？当美都日益趋同的时候，所谓的美还有什么美可言？又怎能激起人们对它的幻想与期盼呢？

为什么人们会乐此不疲地投身于影像世界中呢？因为影像为众人提供了一个狂欢的场所——人们可以在这里体验一切虚幻，满足一切禁忌和梦想。在消费社会中，如何处理大量的剩余产品？迈克·费瑟斯通在《消费文化与后现代主义》中这样提到："唯一的解决办法是通过游戏、宗教、艺术、战争、死亡等形式去摧毁和浪费这些过剩的产品。"因而，这个过程可以通过互送礼物、狂欢、炫耀等方式来完成。在以电影、电视和广告为代表的社会中，影像给我们建构起一个狂欢化的世界。

当世界与浪漫、青春、奢华、环保、爱等一系列大众期望中的符号并列时，人们也越来越难以解码出世界原来的意义。由于商业符号所建构出来的仿真世界与商品本身的世界之间早已模糊不清，让现实都以经过审美加工的面貌展现出来。我们深陷其中，面对这样的诱惑只能前仆后继，不知如何停下来。

在某种情况下，在影像制造出一系列的恐慌后，人们不禁开始怀旧。在对过去事物的追寻中，人们去追寻感知某种曾经真实发生过的存在，但是这种所谓的对过去事物的追寻并非是真的对过去感兴趣。怀旧商品在传达过去特性与形象的同时，希望通过这些往昔的特性与形象来捕捉现在的时代精神。我们会更加怀念老照片上的女人，真实且没有PS的痕迹。

在这样的影像时代，人们的生活更需要某种可以触碰到的真实存在，这种真实让我们有底气去承担生活中的一切。正如在我们心中留存的"诗歌和远方"一样，那是一片没有被过度消费、美化、改装的净土。诗歌是人类文明的智慧结晶，是关乎爱、时间、永恒、生命与死亡的探索。在诗句中涌动着人类最质朴的情感。在这样一个喧嚣的世界里，人类更需要诗歌去为躁动不安的、久居城市的灵魂寻一处终极归宿。相比诗歌，远方则意味着一场盛大的逃亡，代表着离开、流浪与天涯。在对远方的追寻中，我们渐渐触碰到了灵魂深处最本真的东西。

姑娘们，在影像时代，我们应该看清某种事物的真相，更该明白一味地相信某些表象，终究难免会让自己的生活偏离该有的轨道。影像带来的不过是一场喧嚣的盛宴，虽华丽但无法填饱肚子。只有懂得生活的最初意义，我们才不会在前行的路上偏离轨道。

第八章

外貌：你可以不美丽，但不要忘记优雅

那天，你看着镜子里的自己，抬起头、挺起胸，优雅大方，宠辱不惊。作为女子，可以没有倾国倾城貌，但一定要有自己的特质，让自己与众不同、优雅得体。

外表普通不该成为你的借口

> 永远都不要相信这样的谎言：
> 内涵要先于外表。

很多人会说："女孩子的脸蛋不白、不美，身材不好，都没有关系，只要心地善良、性情温柔就好。"类似的还有："女孩子的内涵比外表更加重要。"其实，姑娘们不应该被这样的谎言所误导，更不该忽视对外貌的追求。我们应该有这样一个口号："要美就要美一辈子。"

在这个看脸的世界里，谁会在初次见面就沉下心去了解你优秀的内在呢？正如杨澜所说："没有人有义务必须透过连你自己都毫不在意的邋遢外表去发现你优秀的内在。"很多女孩不知道，当自己变得既白又美、身材又好的时候，你的全世界都会改变。

波伏娃在《第二性》中这样写道："人们常说，女人打扮是为了引起别的女人的嫉妒，而这种嫉妒实际上是成功的明显标志；但这并不是唯一的目的。通过被人嫉妒、羡慕或赞赏，她想得到的是对她的美、她的典雅、她的情趣——对她自己的绝对肯定；她为了实现自己而展示自己。"

在我的记忆和认知中，那些会打扮的女人，在生活的各个方面都不会差到哪儿去。她们对美有一种别样的认知度，将展现美作为生活的一种信仰。

我们都应该明白，美是人类共同追求的。当然，美好的事物也包括一个人的外表。纵使你的内在再优秀，但一副邋遢的外表也会将它的光芒彻底掩盖。为什么男人总是爱看美女，女人总是爱看帅哥？因为能给他/她们带来赏心悦目的感觉，能让他/她们感到愉悦与快乐，并在过大的压力中得到美的感受。同样，出众的外表能让你在生活和职场中胜人一筹。很多女孩都非常羡慕那些天生丽质的美女，认为她们可以凭借这一优势轻松获得更多的社会资源。这里，我们要更改一些女孩子的认知，外表出众并非等于拥有超乎常人的颜值，而是在于你对美会有怎样的诠释。美，可以是你的言谈举止、气质，也可以是你的穿衣搭配和品味。

一次，我和一群演出机构的朋友吃饭。在谈到女性外貌的时候，他们里面的主管说："美确实是很重要的，就拿我们来说，一般我们到高校招录女学生的时候，外貌总是首先要考虑的因素。"这样的话让所有人都震惊了。我问："为什么？难道她的专业素养不重要吗？"那个管理人员说："当然重要！不过，有些东西是可以培养的，但是外在条件是很难通过短期培训得到的，这需要有一个长时间过程。所以，在专业知识相差不是太大的情况下，我们当然会首先选择外貌出众的那一个。"

主管告诉我，前段日子他们准备为董事长招录一个助理。女孩A拥有丰富的经验，并且A的学历要高于B。所有人都觉得女孩A会得到这个职位，但是最终被女董事长留下来的却是B女。为什么呢？女董事长这样回答："能做我助理的女孩必须要有出众的外表，只要能力不是太差，我都愿意去培养她。为什么？因为作为我的助理，她就代表了公司的形象，甚至是我的形象。很多事情我都会让她代我去传达，甚至是代表我去做。我为什么要找一个颜值低的助理去代表我们的形象呢？"尽管这句话听起来有些刺耳，让人抱怨这个世界的选择标准怎么会如此简单粗暴，但你不得不承认，追求美好的事物是人类普遍的心理和价值取向。

听了这个案例后，我有一种恍然大悟的感觉。虽然我一直都非常排斥这个问题，但是不得不承认，外表是女性必备的条件，甚至是一种生活和职业素养。

以前很多人都会说美女的智商都不高，学习成绩也不好。其实，现代美女们都已经把自己各方面都修炼得足够优秀了。当看到一群高颜值姑娘时，也许你会觉得她们只是花瓶，但是深入了解后才发现，她们却个个都是学霸。

如何看待外貌这个问题？我觉得，如果一个女人能总是将自己打扮得十分优雅、大方，那么她对于工作和生活的态度肯定也是优雅大方的，至少不是庸俗的。优雅大方的她们，往往都是热爱生活的，同时还可能擅长烹饪，喜欢将自己的住处装饰得非常雅致。最起码，能够将自己打扮得时尚、靓丽的姑娘，对于世间的一切也一定是充满美的感受。

姑娘，不要再抱怨为什么你的机会总是被那些能力略差但颜值更高的人抢走了，也不要再坚持什么"内涵比外表重要"的谬论了。事实上，外表和内涵是同样重要的，因为外表就是你的名片，决定了对方的初步印象，又是否有兴趣继续和你相处下去。但永远不要将外表普通作为你失败的借口，更不要怪父母为什么没有给你一张出众的脸，关键问题是你还有无限的潜力去改变和塑造自己的外表。

单品，宁缺毋滥

> 穿着破旧的裙子，
> 人们记住的是裙子。
> 穿着优雅的裙子，
> 人们记住的是穿裙子的女人。
>
> ——香奈儿

在追求美的道路上，女人永远都是不知疲倦的，甚至是着魔的。是的，在她们的衣帽间里永远都少了一件单品。

不过，姑娘们总是有一种通病，看到什么打折品或流行品都会一拥而上，之后便抱着一堆战利品回家，扔进衣柜后就再也不瞧一眼。然而，等到真正需要一件得体像样的衣服时，她们又都会焦头烂额地翻箱倒柜，怎么也找不到一件能够出席正式场合的衣服。

爱莎是一个购物狂，喜欢上淘宝挑选各种流行款和打折款。由于网上的衣服都非常便宜，所以她每次都会购入很多。然而，每当她兴高采烈地打开包裹后，随之而来的是无奈与失落。这些衣服的确很便宜，可是穿在身上总感觉像地摊货。不过，爱莎依旧坚守在淘衣服的路上，乐此不疲。就这样，爱莎的衣柜里堆满了各式各样不知道品牌的衣服与包包。

有这样一个衣柜，也就导致了她每次出席重要场合，总是不能穿得那么合时合宜。有一次，爱莎选择了一件看上去很廉价的蕾丝上衣去参加一场联谊会。当她看到在场的姑娘们都穿着高贵，落落大方时，心情一落千丈。显而易见，她们的衣服都要比爱莎的更有质地，因此也显得更加高贵。那晚，爱莎非常自卑，于是去找朋友们帮忙。朋友们都建议爱莎不要再购入大量的廉价品，而是用买十件廉价单品的钱去选择一款优质品。那款优质品足以让爱莎出席各种重要场合了。

很多时候，女人购物的状态就如同楼市一样，让人无法捉摸。她们刷爆信用卡额度的原因很简单，或是心情极差，或是心情极好，总之是想方设法地去补偿奖励自己。显然，根据心情购物并不是什么好事，因为绝大多数情况下会让她们看走眼。就像在另一半的选择上，女人总是感性多过理性，或是因为对方的一个眼神，或是因为某个特质，就稀里糊涂地一头扎进去，最终却发现自己的眼光真的是差透了。

我非常赞同女人对美的执着与追求，我认为女人在选择服装时应保持这样一个理念：宁缺毋滥。正如选择人生的另一半，宁愿单身一人，也不要将就。我特别建议那些年轻的女孩子，在自己有条件的时候多买些有品位的衣服、鞋子、包包，以及化妆品。廉价商品和优质单品差距甚远。优质单品蕴含了一个品牌的文化理念，还体现了设计师的个性，甚至沉淀了深厚的历史。

香奈儿之所以成为时尚界的标杆，是积淀于品牌中一百多年的文化底蕴。时光赋予了香奈儿全新的形象，但其独具一格的时尚理念是没有变的。香奈儿品牌的创立者可可·香奈儿女士结束了女性服饰的旧时代，开启了时尚的新纪元。香奈儿着装特立独行，从男士服饰中汲取灵感，风格更加简洁、轻盈、时髦。香奈儿改变了女性服饰的轮廓，从此掀起了一场时尚革命。她剪短了长裙，让女性露出脚踝；她解放了女性的腰部，让她们抛掉紧身胸衣；她用针织面料去做运动服，赋予了运动服以新的活力；她将头发剪短，将皮肤晒黑；她将帽子上堆砌的羽毛都拆下来，发明了全新风格的女帽。在解放女性前，她先解放了自己。香奈儿最早的客户只是普通的职业女性，后来很快在上流社会流行。

经典款的香奈儿外套是从军装风格的绳边斜纹软呢上衣中汲取的灵感：四个口袋，珠宝般的纽扣，合身的独特剪裁。此外，内衬下摆缝有一根链子，营造出独特的垂坠感。香奈儿外套很快流行于好莱坞，成了女星们眼中的时尚标志。香奈儿通过事业的成功赢得了自身的独立。后来，黑头米身的双色鞋、皮穿链背带的菱格纹手袋、香奈儿五号也慢慢成为香奈儿的经典款。"香奈儿"这三个字已经不仅是一个人名，更是女性解放的标志。

波伏娃在《第二性》中谈到："服饰对许多女人之所以如此重要，是因为它们可以使女人凭借幻觉，同时重塑外部世界和她们的内在自我。"其实，优质品的意义并不在于其不菲的价值，更在于其崇尚的理念，甚至可以让女性寻找自我价值。20出头的姑娘也许会戴一些劣质的、闪闪发光的首饰，但 30 岁的女人则会选择佩戴翡翠、珍珠这样低调且优雅的配饰。这就是一个女人的改变，不仅是气质上，也还在于对人生的态度上。

正如香奈儿女士说的那句话："穿着破旧的裙子，人们记住的是裙子。穿着优雅的裙子，人们记住的是穿裙子的女人。"希望每个姑娘在打开衣橱时都能骄傲地拿出几件经典且优质的单品，这是你的底气，也是你对人生的重新认识。

其实，保持身材也是在重塑人生

　　表面上，
　　保持身材似乎是为了美丽，
　　实际上这是一个重塑人生的过程。

　　很多人会说，能管住自己体重的女人非常可怕。我想说，她们不但可怕，更值得人尊敬。如果一个女人能约束自己的身体、管住自己的嘴巴，那么对于人生，她该是何等节制和努力？

　　约束，应该是每个女孩子该懂得的道理。我们应该让自己从约束好自己的嘴巴做起，进而约束好自己的人生。

　　很多人都不了解那些为了身材滴油不沾、整天跑健身房的女人，认为她们不会享受生活，放弃了生活中最美好的一切。他们认为她们这一生算是白活了，一直在约束和克制自己，无法体会普通人的日常快乐。其实，按照这样的思维方式来理解，那些不懂得约束自己的姑娘才是真正不会享受生活的人。她们因为不懂得约束，所以无法去尝试比基尼，只能远远看着充满阳光的海滩上的姑娘们迎风而跑；她们无法穿超短裙、露脐装，因为自己那粗壮的大腿和肚子上成堆的赘肉让这些都成为噩梦。

其实，外在不仅表现了一个人对美的追求，同时也是一个人生活方式与处事态度的体现。因为要想形象出众，他就必须学会管束自己的身体。在我看来，管束自己的身体是需要巨大的毅力的。正如弯腰驼背这件事，它与懒散的生活态度是联系在一起的。因为保持背部的挺直是一件非常辛苦的事，需要一个人的意志力。人在家里的时候，就会处于一种轻松的状态，坐在柔软的沙发上，自然不会再约束自己的身体。久而久之，当她习惯这种轻松的状态后，就会形成恶性循环，即使在公共场合也不免总是塌着背。

的确，这个世界上没有丑女人，只有懒女人。一个人的外表是可以通过努力改变的。当你看到一个非常有魅力的女人时，千万不要以为她的美都是天生的，都是理所当然的，因为在不为人知的时光里，她付出了旁人无法体会的努力。

有的时候，网上会爆出一些有着不老童颜的 40 岁或 50 岁的女人。她们大多有着 20 多岁的容貌和身材，有着积极向上的态度。当你不知在节食和摄入营养之间如何选择的时候，那还是去运动吧。当一个女人为了保持年轻、富有活力的状态，而爱上运动的时候，那么她也就慢慢学会了克制。她慢慢懂得，不要贪恋食物的美味，不要在饭后就坐下或躺下，不要让自己任意妄为……

我以前有个女朋友，还记得她当年为了克服驼背的问题，狠下心每天都穿塑身内衣去束缚自己的身体。她说："塑身内衣可以让一个人的形体在短期内有所改变，能够将你整个人都往上提拉，腹部也会收紧许多。一开始你可能无法忍受这种被捆绑的感觉，不过习惯后会让你整个人的气质都有所改变。"此外，她还坚持上瑜伽课。她说："练习瑜伽是一种非常有效的方式，能够让你在非常轻松的环境下保持挺拔的姿态。此外，当你和很多人在一起练习的时候，自然会有所对比，当然就不会松懈了。"她就这样坚持了很久，后来她的背部果真不再弯了，人看上去也显得特别有精神。

还有一个女孩子叫睿睿，颜值高、身材棒，还特别爱吃。不过，每当饱餐一顿后，她都会跑到健身房待上两个小时，因为她无法忍受摄入的那些热量在自己的身体里变成赘肉。很多姑娘觉得她对自己要求过高，这样生活非常累。对这些言论，她根本不予以理会，多年来一直保持着健身的习惯。后来，她练出了八块腹肌，皮肤光滑细腻，看上去要比同龄人小很多。她说："保持身材其实也是在约束自己，培养自己的意志力。自从养成健身的习惯后，我发现原来节制是一件非常重要的事情。"

睿睿还给我们分享了更多的健身心得：健身其实是一个和自己独处的过程，因为健身时要放下一切，包括手机，专注于自己的身体和内心。其实，这也是一种冥想，放空一切，进入一种非常专注的世界里。睿睿觉得这锻炼了她独处和放空自己的能力。事实上，对于初级健身者来说，每一次健身的过程都是一次杀死自己懒惰心理的过程，也是一次战胜自己弱小灵魂的过程。时间久了以后，人的心理会产生巨大的变化。这种变化是对生活的根本性改变。

我很喜欢睿睿对于健身的态度，因为她认为健身是锻炼身心的方式。表面看是只和身体素质有关，但能否长期坚持下来，是和心理素质脱不开关系的。只有心灵能长期坚持做到的事情，身体也才能坚持做到。当一个姑娘能长期坚持泡在健身房时，她的心理承受力也就随之上升了一个层次。这是一个让自己的身体和心灵都变得越来越强大的过程。

　　每个姑娘都应该懂得约束自己的身体，不要让身材走形。也许在你20多岁的时候还没有发现这种约束的更大好处，但是当你到了40岁后，你所有的克制都将会以最美好的形式展现出来。

口红赋予的生命哲学

     你唇上的那一抹鲜红，
     定格了霓虹灯下的岁月，
     成了时光里永远的念想。

  在女人的所有单品中，口红是不可缺少之物，是女性的标配。女人的一支口红正如男人指尖的一支烟，散发着迷人的味道。电影镜头总是会特写那些女人涂抹口红的样子，或妩媚，或可爱，或优雅，或热情……她们似乎是光影下的宠儿，那唇上的一抹鲜红，成了时光里永远的念想。

  在女性的面部，口红的颜色是最为明显的。当一个女人迎面而来时，她嘴唇上那抹鲜艳的颜色总是能一下子吸引我们的注意力。涂抹口红是妆容中最简单的步骤，却也是不可缺失的。它没有过多繁复的步骤，也不需多么熟练的技巧。鲜亮的色彩总能给人一种强大的冲击力，将平淡无奇的面部装点得富有生命力。我很喜欢口红为面部带来的神奇效果。口红的颜色不仅显露了一个女人的性情，也诉说了她的人生经历。一个中年女人，历经世事，与一个风华正茂还撒娇、耍脾气的小女生的口红颜色绝对不一样。中年女人有着独特的魅力,高雅、内敛、知性,所以她们会选择更加深沉、淡雅的色彩。小姑娘们多会选择鲜红或者粉色,会显得更加热情与活泼。就算一个女人买了再多颜色的口红,也必有一款自己钟爱的色彩。就像从风平浪静的海面上方飞过的一只海鸥,口红也为我们苍白的素颜带来一抹光亮与生机。

在韩剧《想你》中尹恩惠涂的那款玫红色的口红,也随着电视剧的播出引起了众多女性观众的追捧。那款玫红色没有鲜红来得妖艳,有的只是一种清冷与惹人怜爱,也正是在这种红色的衬托下,女主人公的性格也得以显现出来。

我认为,口红也是有生命的。当一支口红离开销售货架,进入女人的化妆包、化妆台的那一刻,也是它为我们的人生开启一扇门或是一扇窗的时刻。就像梦露所说:"口红就像时装,它使女人成为真正的女人。"当一个女人开始涂抹口红的时候,也标志着她正走向成熟;当一个女人开始精致地对待自己的唇色时,也可说是她们对自己人生的正式掌控的一个开始。她们不希望别人看到自己的唇色是苍白的,不希望别人由此认定自己的脆弱。因此,口红成了她们武装自己的强大武器,去抵抗生活的艰辛与困顿。那一瞬间,她们似乎成了真正的勇者,不念过往,不惧未来。

张爱玲对口红的热爱是出了名的。无论是她自己,还是她笔下的女子,对口红都有一种执念。9岁的时候,张爱玲用第一次投稿赚得的5元稿费,买了一支丹祺唇膏。这件事让大人们都非常惊讶,因为他们以为张爱玲会将钱留作纪念,又或者会去买一本字典,但谁也没想到她会购入一支唇膏。由此可见,张爱玲从小对口红就有一种迷恋。去世后,张爱玲留下的遗物不多，最显著的是三样：手稿、假发、口红。可见她这一生对口红的热爱。在张爱玲的小说中，我们可以看出她对口红的研究。无论是《色戒》《创世纪》，还是《留情》，其中都有女性对口红的关注，以及口红对女性的重要性体现。她在《创世纪》里写潆珠用那种"油腻的深红色"的劣质口红；《留情》里，淳于敦凤在亲戚家喝茶，当她"看见杯沿的胭脂渍，把茶杯转了一转，又有一个新月形的红迹子"，便皱眉头，因为自己"高价的嘴唇膏是保证不落色的"，所以她断定"一定是杨家的茶杯洗得不干净，也不知是谁喝过的"。在张爱玲的笔下，旗袍、口红仿佛已经成了女性的标志，而她也将女性和她们的这些东西描绘到了极致。

　　我很喜欢那些勇于并喜欢尝试不同口红色号的姑娘，因为她们可以将人生装点一新，甚至调配出不同的色彩。女人的生活不该是一成不变的，更不该被既定的准则禁锢。女人应该爱上涂抹口红，更应该多尝试些具有挑战性的色彩，因为我们的生命绝对不会只局限于一种色调。不同的色彩能够将我们引入不一样的世界。你会发现每一种尝试都是一次挑战与超越。挑战的是你从未涉足的世界，超越的是你胆怯与弱小的内心。人生本来就是一场追逐和寻找，而口红是女人掌控自己命运的最初尝试。我们会在挑选口红的过程中去探索与发现，没有什么比这样的挑选更精彩了。

　　亲爱的姑娘，就算生活再艰难，都不要忘记在包里放一支口红，那是你挺直腰杆的底气，更是你告别柔弱内心与苍白面色的王牌。我希望每个爱美的姑娘都能找到一款属于自己色号的口红，成为自己的标配，告别黯淡无光的人生，如鹰般勇敢地逆风飞翔。这就是口红赋予女人的生命哲学。

帽子中的"欲说还休"

> 帽子,
> 展现的是一种欲说还休的感觉,
> 正如东方女性所表现的含蓄美。

　　优雅属于一种态度,更是一种信仰和追求。无论身处何处,帽子所带去的时尚永远不会过时。

　　离开海口的前一天晚上,我准备去买一副手套和口罩,找了很多家饰品店都没有。最后打算放弃的时候,突然发现了一家帽子店。那个卖帽子的阿姨肤色黝黑,身材微胖,像极了东南亚人。她正在和一个小姑娘聊天。

　　那个姑娘对她说:"阿姨,我今天还要买一顶帽子。"

　　"妹妹,你的身材很棒,很有味道。"那个姑娘很惊讶,说道:"阿姨,我一直没有什么自信,可你今天的话对我真的很鼓励。"

　　我进去找了一副黑色的口罩和咖啡色的手套,付款后准备离开。不过,那个阿姨把我拦了下来,拿了一顶麻编帽问道:

"小姑娘，你要不要买一顶帽子？"我将她递过来的帽子戴起来，照着镜子，但没多久就皱了皱眉头。因为我的头比较大，所以这种麻编帽戴在头上显得非常塌，特别没有精神。我赶紧将头顶的帽子拿了下来，摆了摆手说道："阿姨，这顶帽子不适合我。"阿姨说："姑娘，相信阿姨，这顶帽子戴着非常有味道。你很适合。女孩子需要找一顶适合自己的帽子。阿姨在1993年的时候就开始世界各地跑，非常喜欢收集帽子。女人应该学会戴一顶帽子。你看呀，这条街道的女人都是被我影响的。她们本来都不戴帽子，现在走到哪里都喜欢戴帽子，连去菜市场都会戴。"

听了这话，我惊讶地瞪大了眼睛，觉得这个阿姨在吹牛。不过，等她跟我讲了罗马、巴黎、伦敦的各种见闻后，我不再怀疑她了。那些都是她真切的体会。当她跟我说了奥黛丽·赫本、英国女王、凯特王妃等女人对帽子的钟爱后，我对她的看法突然发生了改变。

然后，我又知道那个阿姨从前是学金融的，一直在银行工作。不过，在1997年，亚洲金融风暴席卷泰国、马来西亚、新加坡、日本、韩国和中国等地，各大银行纷纷倒闭。当然，也包含了阿姨所在的银行。离开银行之后，她就在学校门口开了一家帽子店，直到现在。

我非常喜欢这位阿姨对帽子的态度，以及她对女性美的诠释。她不仅是在卖帽子，更是在向周围女性宣传一种生活态度：如何变得更加优雅。

我慢慢发现，戴上帽子后，女性的状态确实都会变得不一样。戴上帽子后，女人自然会抬头挺胸，走路的姿态也会变得从容优雅，同时，你不会戴着一顶帽子飞奔，更不会戴着一顶帽子随意低下你的头。

其实，女性戴上帽子的感觉就像是中国艺术，捉摸不透、回味无穷。因为戴上帽子后，我们的脸部会有一部分被遮住，只露出眼睛以下部分。如果帽檐更大，那么也许只会露出嘴角以下的部分。

中国的艺术讲求神似，无论是山水画、壁画、雕塑、行草、舞蹈，都无须锱铢必较，它们是作者内在精神与艺术品外在表现的物我合一，如同庄周梦蝶，不知蝴蝶是庄周，还是庄周是蝴蝶，即物化状态。当我们戴上帽子后，我们的面部处于隐隐绰绰的状态，好像雾里看花，展现出一种美和风情。

正如戴容州所言，"诗家之景，如蓝田日暖，良玉生烟，可望而不可置于眉睫之前也。"又如王国维在《人间词话》中所说的"不隔"和"语语如在目前"。正所谓"象外之象，景外之景""味外之旨""近而不浮，远而不尽，然后可以言韵外之致耳"。

帽子正如中国的艺术，总有那么一层让人反复回味、欲罢不能的韵味，若是点破了那层似乎就缺少了一丝味道。正如《蒹葭》中所言："所谓伊人，在水一方。溯洄从之，道阻且长。溯游从之，宛在水中央"。那亦幻亦真的女子，那么近却又那么远，这中间留有的那层帽檐则变成了让人魂牵梦绕的念想。如若那么容易追寻，怎会让你牵肠挂肚呢？

这一切都处于一种无法意会的状态之中，像是袅袅炊烟，又如镜中花、水中月般无法触及。我们看，无论是"具备万物，横绝太空。荒荒油云，寥寥长风"，还是"俱道适往，著手

- 195 -

成春""不著一字,尽得风流""是有真宰,与之沉浮""如渌满满,花时返秋""风云变态,花草精神"。这些语句告诉我们,艺术只有注入情,才足以震慑人心,如泣如诉。

帽子也正是如此,它给人注入了一种东方的朦胧美和含蓄美,让女性倏然间变得更有味道和风情。所以,在日常生活中,姑娘们不妨尝试戴上一顶帽子,这会给你带来不一样的感觉。

第九章

气质：不会随着岁月的流逝而枯萎

有一天，当你发现眼角的细纹、松弛的面部时，已不再慌乱，因为你的气质已经足以抵抗荒芜的流年。作为女子，唯有气质不会随着时光的变迁而消逝。

愿你如书,抵御流年荒芜

愿你如书,
慌乱的灵魂不再惴惴不安,
贫瘠的人生得以丰盛完整。
阅读,
终将伴我们抵御流年荒芜。

在红尘中,我们都是飘零已久的个体,慌乱不安,不知归向何方。很多时候,我们的心都是空着的,在寻求某种东西去填补,或许是感情,或许是财富,又或许是名望……然而,这些永远都无法填补那处缺口。后来,我们才慢慢发现,唯有精神的富足才能让自己变得心安。

阅读就似一剂良方,给我们指明方向,让我们的人生变得清晰和明朗。苏轼在《和董传留别》中说道:"粗缯大布裹生涯,腹有诗书气自华。"的确,当一个人满腹诗书的时候,他的气质自然会变得与众不同。这也就不奇怪苏轼为何会有"竹杖芒鞋轻胜马,谁怕?一蓑烟雨任平生"的豁达心境。

我们总会看到一些乐观、豁达的姑娘，她们能够笑对人生的一切悲苦。然而，这样的心境并非一蹴而就，需要经过岁月的沉淀、时间的打磨，以及书籍的滋养。一个女人的容貌是可以通过化妆技术去修饰的，但那潜藏于内里的气韵需要长期修炼。很多女人有着靓丽的外表，但一说话就完全暴露了灵魂的空洞。

一个女人读过的书都会显示在她的容貌与谈吐之间。提到玛丽莲·梦露，也许你的记忆永远停留在了她站在风栅上，手捂着被风吹起的白色长裙的那一瞬间。但，你是否知道，梦露的书单有多么丰富。她的藏书多为文艺类，同时也有科学和园艺类。在她的430本藏书中，390本有文字资料可查，40本可以通过照片资料确证。她阅读戏剧、音乐、文学、旅游、政治等书籍，几乎都是经典之作，同时，里面不乏陀思妥耶夫斯基、亚里士多德、弗洛伊德等人的晦涩深奥的书籍。很难相信这是梦露的藏书。

记得在我20岁的时候，母亲就告诫我："桃花开得最盛的时候，也正是它走向败落的时候。"每当回想起这句话，我都会有一丝恐惧和害怕：恐惧衰老，害怕容颜被时光摧残。然而，随着年龄的增长，我也越来越明白她话中的含义：再美的桃花都会有凋零的一天，容颜也终将老去，这是无法抗拒的自然规律。不过，丰富的精神世界会让一个女人优雅地抵御这无情岁月的侵蚀，而内在的丰盛需要通过阅读来滋养。

杨绛先生说过："你的问题主要在于读书不多而想得太多。"这一语道中许多年轻人所遇问题的本质。的确，很多姑娘总是会深陷于某种处境不能自拔，甚至会放大那些细枝末节。当然，还有许多神情淡定、谈吐优雅的姑娘，对生活有着截然不同的态度，在风浪前能够从容不迫、平和淡然。在她们眼中，那些洪流漩涡只是生命中的一些小插曲、一次次丰富人生的经历罢了，转瞬即逝。

在这世界上，有一种东西是可以打败时间、空间、物质和死亡的，同时也可以获得不朽和永恒，那就是人类伟大的思想。阅读是一种可以穿越时空的思想交流。在经典著作之中，我们静静地感受伟大先哲们的思想与心境，体悟他们对人生的态度，或乐观豁达，或恬淡如水，或平和谦逊。在阅读中，我们的情感得以升华，心境得以开阔，精神世界的富足终将打败现实的困顿与不安。

那些爱读书的姑娘，她们的人生大多不会太过平庸。她们对生活的理解会显得更加透彻和明晰。阅读可以拯救慌乱不安的灵魂，让我们烦躁、局促的心彻底平静下来。在大多数情况下，我们总会被生活所困，或是感情，或是事业，或是人生。对于女性来说，我们很多时候都要承受社会的性别偏见，这时，我们需要的并不是寻求他人的帮助，而是让自己变得强大起来。只有心灵的强大才能够战胜现实的一切困顿。

通过阅读，我们将不再纠结于某些不良情绪，更不会沉溺于某段感情不可自拔。对于女性来说，生活该是丰富多彩的，更应该跳出固有的思维模式。我们的人生需要改变与创造，更应该充满思想的碰撞。当我们接触更多伟大的思想后，再反观自身，那些一直困扰我们的问题也就随之豁然开朗。其实，这也是对杨绛先生那句"你的问题主要在于读书不多而想得太多"的最好回答。通过书籍，我们可以了解到先哲们是如何面对人生困境的，是如何面对诱惑与风暴的，又是如何面对生命的缺失与遗憾的。慢慢地，不仅我们的人生会随之变得丰盛，也会慢慢懂得该如何去面对生命的贫瘠。

　　亲爱的姑娘，愿你如书，丰盛贫瘠的人生，填补空缺的灵魂，抵御荒芜的流年。如此，成为最好的我们。

亲爱的，愿你永远做个小女孩

> 亲爱的，
> 愿你被时光呵护，
> 被岁月留情，
> 愿你永远在琴键间起舞，
> 在童话中做个小女孩。

记忆中，我们都是那个天真无邪的小女孩，活在故事中，向往童话般的生活。成长意味着烦恼不说，更意味着无泪。但是，无论有多少痛心的领悟，我都愿你的内心纯粹安宁，你的世界简单干净，你的脸上笑靥如花。

对于独生子女来说，如果从小能有一个伙伴，那将是一件特别幸福的事。你们一起长大，相互做伴，填补童年的孤独。那天，六一儿童节的当天，我给 Evans——我的发小，发了一条短信：节日快乐！希望我们每天都过节。

我在两岁的时候就和 Evans 相识了，相伴至今。因为 Evans 比我大一岁，所以我叫她小姐姐。为什么加一个"小"，我早已经忘记了。她性格开朗活泼，乐天派，很少哭；我性格安静内向，忧郁型，经常哭。纵使我们有千万般不同，但整个宇宙都无法阻止我们在一起。想来也是，这也许就是大家说的互补吧。Evans 的母亲是我的干妈，而我现在成了 Evans 儿子的干妈。

小时候，我俩最大的乐趣是看电视，什么都看。每逢暑假，我们必看《新白娘子传奇》，并且扮演白娘子和小青的角色，不亦乐乎。我们一起看《灌篮高手》《美少女战士》《圣斗士星矢》《魔卡少女樱》《四驱兄弟》《花仙子》《我是小甜甜》《名侦探柯南》……当然，看完后她还要去买相关的漫画书，是全集。此外，还有塔罗牌、四驱车、贴画、魔棒等周边产品，一样都不会少。

那时，我们还会一起看《流星花园》《还珠格格》等偶像剧，从港台到日韩，每集都不会落下。我还记得那会儿流行《哈利·波特》，她不仅仅买了书，连带着哈利的限量版围巾、帽子、魔棒都订到了。她还把丹尼尔·雷德克里夫称为"我们家丹丹"。

当然，我们只能趁大人们不在家的时间偷偷看电视。不过，她也总是跑到电视机旁用扇子给电视降温。每当听到外面有脚步声，我们就会像做贼一样跑去将电视关掉。不知对于这些往事，我的干妈现在是不是还有记忆。

Evans 喜欢画画，热爱摄影，而我喜欢做她的模特。每次放假回家，她都会拉着我去拍照，为我设计各种姿势。这让我想到了我们的童年，会去尝试各种新奇的事情。我们喜欢自制巧克力、冰激凌，尽管总是以失败告终。我们喜欢吹八孔竖笛，而她最拿手的是《恐龙战队》的主题曲。我们喜欢去放风筝，她拉着风筝在前面跑，我在后面追。

当年，我们看了一部叫《今天我是升旗手》的小说。两个小男孩住在前后楼，同层，相差不过 10 米，两家后窗对着前窗。后来，为了方便传输作业答案，他们用绳子做了一个简易的"空中索道"。平时两个人递个小东西既方便又快捷。在改编的电视剧中，简易版的"空中索道"已经变成了更高级的滑轮索道。

我跟 Evans 觉得很新奇，也决定依照着装个"空中索道"。虽然我们住在前后楼，但并不是正对着，而是呈对角线，并且相隔有 20 多米，要比小说难度高很多。为了实现这个宏伟计划，在一个雨后的下午，我们拉着绳子穿越了重重障碍，跳过一楼的墙院、停车棚，并且还要厚着脸皮忍受大人们的围观。最终，一根细长的绳子将 Evans 的阳台和我家的后窗连在一起。看着这个"空中索道"，我俩擦了擦汗，傻呵呵地笑。

此外，我们还制作了一个联系暗号，就是 Evans 最拿手的《恐龙战队》主题曲。毕竟只是棉线，加上远距离传送，所以每次传送的过程都格外艰辛，但我们依旧乐在其中。有一天中午，Evans 为了给我传一个山楂棒，两个人花费了 20 多分钟。我干妈看着我俩，鄙视地说道："明明两分钟可以送到的东西，竟然折腾了 20 分钟！"Evans 朝她说："这你就不懂其中的乐趣啦。"干妈无语。

前些日子，我在 QQ 上找 Evans，跟她说："Evans，你跟我一起做公众号吧？我负责文字，你负责图片。"她二话没说就答应了我。过了 20 多年，她依旧愿意陪我一起疯、一起傻乐，只为了心里最纯粹的东西。烨然是她几年前的网名，后来送给了她刚出生的小宝宝。我喜欢 Evans 拍的照片，正如喜欢她这个人。

时间过得很快，而我们的心依旧如初，仍然保留着童年时代的那份简单、纯粹。过了这么长时间，我依旧躲在自己建构的童话中不愿逃离。

在这纷繁复杂的世界里，不知你是否也有这样一位发小，愿意无条件地陪你一起玩、一起疯，一起尝试新鲜事，一起冒险，一起感知生命，一起体悟人生，一起慢慢长大，再一起慢慢变老呢？

亲爱的姑娘，愿你心中永远留一处净土，被时光呵护，被岁月留情。愿你在山谷中飞翔，在琴键上起舞，在云层中穿梭。愿你永远活在童话里，多年后眼神清澈如初，没有疲惫、没有凉薄、没有忧愁，依然像个小女孩。

我心有猛虎，细嗅蔷薇

> 在所有坚强又骄傲的外表之下，
> 都藏有一颗细腻且柔软的心，
> 于生活，于命运，于爱情，
> 我们虽心有猛虎，
> 却依旧愿意留步细嗅蔷薇。

曾经，我们有无处次想规避现实的暗礁险滩，停靠于一处可遮避风雨的港湾，但终究还是被推向了未知的江河湖海。也曾怨恨自己只是一个弱女子，拿什么去抵御生命中的凶险与荒芜？凭什么在豺狼虎豹的丛林里驻足和生存？然而，这就是现实。我们连提出抗议的权利都不具备。

其实，很多姑娘都想去过那种"我负责貌美，你负责欣赏"的生活。但是，这个世界并没有多少幸运儿可以无所顾忌地去享受那种人生。绝大多数的女孩都必须面对这个残酷的世界，踏上未知的征程。在各行各业，都并不缺乏优秀女性创业者的身影。她们一般都能力超常、做事果断坚决，并且在社会上有着一定的影响力和号召力。她们能够掌握自己的命运,不用依附或听命于某个男人。

Amily,是一家企业的老总,一个非常能干的80后女强人,干练的短发,利落的打扮,让她身上透露着几分女性少有的霸气。在酒桌上,她能够将一桌男人都喝趴下,自己却面不改色。雷厉风行的性格,不亚于男性的做事风格,让手下的员工对她都颇为敬畏。

我本以为这样一个女人必然会是非常高傲的,对任何人、任何事都是不屑一顾的,但事实正相反。Amily也是谦卑的、待人真诚的。她像男人一样,能够承担一切责任,对员工如家人,尊重基层劳动者,鼓励年轻人,因为她也是这么过来的。我一直不明白,为什么一个女人要如此拼命,为什么年近40还孤身一人。后来,我才知道她的故事。

年轻的时候,由于家庭困难,她不得不早早进入社会打拼。她一个人跑到了那座机会众多但也难以生存的城市。Amily没有任何背景,刚开始只能为别人打工,做着一般女性做的行政工作。后来,Amily交往了一个条件还不错的男朋友。虽然那个人对她还不错,但是男孩的母亲坚决反对他们在一起。有一次,他的母亲找到她,语重心长地对她说:"Amily,十分抱歉,请你还是离开我儿子吧。我儿子需要找一个门当户对的女孩,而你并不适合他。"后来,Amily打电话给那个男孩子,一直都是关机。最后,他给她发了条短信:"对不起,我们分手吧。"就在那一刻,Amily才明白,原来在现实面前,爱情一文不值。也就是那一刻,她发誓,今后一定要变得强大无比,成为能够独当一面的女性。

此后，Amily再也没有谈过恋爱。一次偶然的机会，Amily接触到了出版这个行业，便开始打造属于自己的出版王国。经历了10年的打拼，她已经在那座城市站稳了脚，自己的企业也有了一定的规模。在行业内，Amily是女性创业家的代表，也经常会去做一些女性励志的演讲。记得有一次，她这样对许多迷茫中的姑娘说："其实，我并不是什么标签下的女强人，同样是一个情感丰富、脆弱且坚强的生命个体！也许你们会问：'Amily姐，为什么你一直都没结婚？'其实，我想说，所有女性都有选择结婚或不结婚的权利，也都有掌握命运的权利。无论你选择结婚还是不结婚，请一定要记住：女人一定要有钱！这样才不会依附于男性或者屈服于某种社会规则！"

这个世界上的女孩子，没有人愿意被冠以"大龄剩女"的称号。她们曾经都憧憬着美好的爱情，期盼可以被一个强大的人呵护，成为公主。然而，现实终究是残酷无情的。公主都是天生的，而麻雀变凤凰终究是作者们编造的谎言。最终，在岁月的打磨下，那些女孩都一一变成了可以掌控自己命运的女王。在以后的人生里，她们可以抬起头，去迎接那位与自己匹敌的国王。

那天，Amily在自己的博客上写道："你凝望月光下的一扇青窗，心念一个归处，然而终究是孑然一身，无所依靠。回想往昔岁月中的那些人，多半已经离你远去，或者成为心中一处永远不可提及的死角。简单的家，宽厚的臂膀，成了遥遥无期的梦。"这句话让我们知道，不管外表多么坚强的女孩，她们的心底都有一个最柔软的地方。

突然想到了英国诗人西格里夫·萨松的代表作《于我，过去、现在以及未来》中的经典诗句："心有猛虎，细嗅蔷薇。"是呀，那些心有猛虎的女子，也会有停下脚步细嗅蔷薇的那一刻，在她们的心底有一处最柔软的地方。是的，她们并不是什么风雨中的女英雄，只是在生活的逼迫下慢慢练就了一身钢筋铁骨。

许你一生优雅歌

> 愿我许你一生优雅歌,
> 在光亮中看到生命的柔软,
> 在菲薄的流年里行走于花开的陌上,
> 可以缓缓归矣。

在众多描述女性的词语中,我独爱"优雅"。没有任何累赘,干净简洁,却能充分概括女性的美好。她们如诗如画,在那流年的岁月时光里优雅如歌,在风的诉说中款款而来。

在风浪面前,她们是无畏且淡然的一族,没有抱怨和悔恨,也没有被时光洗去那份淡然。多年后,她们的内心依旧平静恬淡。也许是看多了风浪,又或许是看淡了风雨飘摇的往昔,她们早已云淡风轻,一切都显得微不足道。

她是一个80后女孩,叫木雅,美丽、端庄、优雅。她的故事没有那么惊天动地,但也没有那么平淡无奇。在她20岁那年,父亲因出车祸再也无法站起来。她的母亲身体不好,没有工作的能力。那时木雅几近崩溃,甚至有要放弃读书的念头。不过，在父母"无论怎样不能放弃读书"的逼迫下，又东拼西凑为木雅借了一笔读书的费用后，木雅决定继续读书，但她也不能弃父母不顾。咬了咬牙，她决定带着父母一起去读书。一开始，她的父母是拒绝的，不想成为她的累赘，但在她的再三坚持下，他们答应离开老家，随她一起前往她读书的A城。

这个过程当然是艰辛的。一开始，他们租了学校旁边的一间小房子，非常破旧。木雅白天上课，业余时间会找好几份兼职。她明白自己的家庭和别人不一样，所以更不允许自己有半点懈怠。她拒绝了一切活动，将所有的业余时间放在了父母和工作上。

后来，木雅在一篇文章中写道："那个时候，我真的随时都感觉自己坚持不下去了，上课、照顾父母、兼职，一切都特别累。但是，我也知道我不能就这么倒下去。如果我倒下去，我的父母该怎么办？我身上肩负着巨大的责任让我必须咬牙坚持下去。"

在木雅的努力下，很多事情渐渐有了转机。那时，木雅会去给高中生做家教，辅导数理化。因为讲得好，来找她辅导的学生越来越多。木雅不但讲授课程，还鼓励高三的同学，告诉他们再辛苦都要坚持下去，未来的生活会越来越美好。就这样，木雅在大学毕业的时候已有能力开办一家辅导机构了。当然，她也能够承担家中的生活开销并且还清了亲朋好友的钱。

过了几年，木雅在学校的旁边租了一处地方，给身体好转的父母开了一家小客栈，让他们打理，让他们的晚年不至于太无聊,也有事可做。每当有家境贫困的新生开学时节,木雅都会象征性地收很少的钱为送他们上学的父母提供一个临时的住处。

那年,我正好路过 A 城,住的就是木雅的客栈。客栈里别有风情,处处可见木雅故乡的特色。也就是在那个时候,我知道了木雅的故事。他们在 A 城里已经度过了 16 个春秋,热爱这里的一草一木。但是,他们永远也忘不了当年最艰苦的岁月。

客栈的墙上挂着木雅行走于各地的照片,从容优雅。她经常帮助山区的孩子,并为他们带去了希望。现在,木雅已经成了当地杰出女性的代表,也成为年轻人的励志榜样。在她的真诚与谦和下,她的辅导机构也越做越好。

每一种优雅的背后都会历经岁月的磨砺、时光的考验,并且承受住了千难万险,那是生活无法规避的道路。

也许,你曾期盼七月的艳阳,却等来十二月的飞雪,但这并不妨碍你优雅于世,芳华一生。我最亲爱的姑娘,愿你许自己一生优雅歌,在光亮中看到生命的柔软,在菲薄的流年里行走于花开的陌上,可以缓缓归矣。我知道,在不远的前方,我们终会抵达河岸,停靠在一个叫"希冀"的港湾。

如歌岁月，恣意洒脱

> 我们总以为身后的黄昏，
> 永远都不会追上脚下的黎明，
> 然而这菲薄的流年，
> 终究成了日落余晖中淡淡的一笔水墨。

女人的容貌早晚会衰老，唯有气质可以撑起 30 岁后的她们。在 20 年后，你会发现当年班里那些并不出众的姑娘被岁月赋予了独特的魅力与气质。

大家总会羡慕那些天生丽质的美女。不可否认，她们的确是一群幸运儿。然而，这并不能成为你不漂亮的借口。其实，如果你在 20 岁的时候说自己不够漂亮，这是可以理解的。可如果到了 30 岁你还这么说，那只能怪自己了。因为 20 岁时，一个人的面孔是上天赐予的，到了 30 岁时，面孔是由你自己决定的。随着年龄的增长，你的外表和气质也会随着你所经历的事，以及你对待这些经历的态度而变化。

生活在这个世界上，总是难免会遇到各种磕绊和起伏，这是再正常不过的事了，区别在于我们用一种什么样的态度去面对它们。有些女性，她们的情绪总是很容易变得激动起来，甚至失去理智。现代网络上充斥着各种"奇葩"的新闻，女人捉到了丈夫和小三，然后开始了各种战争，或是哭，或是闹，或是上吊，最后视频被传到了网络上，弄得尽人皆知。女人，为了那样一个男人，让你忘记自己原本的教养，甚至丑态尽露，也让他人看尽了免费的大戏，真的值得吗？

我所欣赏的女子，应该有一种恣意洒脱的状态：就算遭遇感情的背叛，她们也可以淡淡一笑，最后摆摆手说"是你配不上我"；就算遇到生活的苦痛，她们依旧心底明媚，在乌云密布的天空中寻一处光亮，最后无所谓地说："这没什么大不了的"；就算处在人生最艰难的时期，她们都能心生一丝柔软，淡定洒脱地说："这点风浪算什么"……

女人如水，她们身上应该有一种灵动之美，可以成为支撑日后人生的底气。其实，这也是魏晋艺术中所说的行云流水、鱼跃鸢飞的气韵。魏晋的艺术有一种飘逸流动的永恒魅力，是一种宇宙生命情调的显现，是风流之士们生命中所体现的律动。你看，无论是《晚秋》中的汤唯，《花样年华》中的张曼玉，还是《雏菊》中的全智贤，我们总能从她们身上感受一种洒脱不羁的气质。

看看周迅，身上哪有40岁女人的样子？40岁的她依旧保持着女孩的灵动。现在大家都喜欢叫她"周公子"，很多人说是因为她在电影《龙门飞甲》中饰演"凌雁秋"时，女扮男装，帅气潇洒，所以才有了"周公子"的称号。不过，周迅自己则解释：有一天，她的一个朋友突然喊了她一声"周公子",之后这个称号就慢慢流传开了。周迅觉得"公子"不是性别的称号,它更多地代表的是一种气度——一种宠辱不惊、气定神闲的态度。周迅称自己很喜欢这个称号,也努力做到这一点。

在演完《龙门飞甲》后,记者问她是否喜欢凌雁秋这个角色。她说,在这几年演的角色中,还是比较喜欢凌雁秋的。因为凌雁秋很干脆、有情有义,爱就是爱,但并非一定要在一起。凌雁秋是以另外一种方式来诠释爱,很潇洒。她从这个人物身上学到了"洒脱"。凌雁秋经常说的一句台词是"就这样"。"就这样"表现了一种洒脱的状态,随遇而安、顺其自然。

周迅说以前可能会顾忌很多,例如某个访问没有做好,回去后会懊恼;一场戏没有演好,回去后也会懊恼。不过,她后来想,自己不必这么紧张,因为她尽力了。如果尽力了没有做好,那么也不要怪自己。如果所有事都力求百分之百的完美,那么人将会非常累。周迅如今的洒脱体现了魏晋时期的那种"气韵"。

"气韵"第一次出现,是在晋人谢赫的《古画品录》中,被标明为"六法"之一,"气韵,生动是也"。以"生动"来释气韵,即表明气韵之美,是生命运动之美,生气流行之美。这种气韵就像是突如其来的灵感,行云流水、才思泉涌、一泻千里。到了六朝,感性生命表现得如此充实,富于热情,色彩斑斓。

魏晋名士们骨子里都透露出的一种气韵,不管是喝酒、作诗,还是弹琴、吹箫,都不曾缺少。嵇康一曲《广陵散》,

曲终人绝，气韵贯穿始终。再看阮籍放荡不羁的癫狂中，无论是纵情于酒中，还是徜徉于自然间，也同样都是气韵横生。

王羲之的行草，笔下如游龙般恣意，毫无束缚，他在笔墨中释放了乱世的苦痛。他的《兰亭序稿》飘逸浮游、优雅唯美，节奏相对适中，全篇自始至终流畅自如、一气呵成，如潺潺流水，恣意流淌。

刘勰《文心雕龙·神思》篇所说的"我才之多少，将与风云而并驱矣"，那才情随着变幻的风云而恣意汪洋。谢灵运的山水诗蕴含了飞动之美，那是动态的流转，俯仰之间与天地起舞。

魏晋的气韵，像是乘云而游、御风而行，云的气韵与飞动之美，不仅是一种诗学，也是一种哲学，一种文化性格。这种流动飘逸的境界也被后世推崇，尤其是李白。在此，我想说，现代女性也应该学习魏晋名士们这种洒脱的气质。

姑娘们，在这个江湖中，我们总有许多不得已，但更多时候，你需要的是一种气韵和风度。这样，当我们回顾曾经，终将会明白，这菲薄的流年终究不过是日落余晖中淡淡的一笔水墨罢了。

第十章

采软：我心底有一束光，照亮前方

那天，你面对所有的恩怨情仇，宽容一笑，选择忘记。如果你问，生活到底给了我们什么？那么我会告诉你，风雨中的气定神闲，艰难时岁里的笑靥如花。

予人玫瑰的温馨,在心间慢慢升腾

予人玫瑰是一种能力,
也是一种人生态度。
当我们掌握某些资源的时候,
也代表着一部分人正在失去。

当一个女人懂得给予比接受更重要的时候,她将得到更多的满足感,人也会慢慢变得更加从容和淡定。她们,或是因为父母的宠溺,或是因为机遇的垂青,或是通过努力的奋斗,享受着更多的资源,但是,你可知道,这也意味着有很多人正在失去某种资源?

此时,相对更幸运的你,若懂得给予,懂得与他人分享你手中的资源,你方能更懂得人生的真谛。"予人玫瑰,手留余香"并非是劝导性的八个字,更多地是一种感同身受,以及从个体上升到社会成员的过程。

女人的美源于她善良与慈悲的心灵。谈及奥黛丽·赫本,人们首先想到的总是她所扮演的无数优雅、高贵、美丽的银幕形象。然而，很多人也许并不知道，奥黛丽·赫本还是一位热衷于公益事业的女性。在后期，她逐渐淡出影坛，出任联合国儿童基金会的爱心大使，呼唤对落后国家儿童生存状况的关注。

在此期间，赫本通过举办活动募集资金，并在公共场合发表演讲。此外，她还不顾战乱与传染病的危险，亲自赶赴众多亚非拉国家去看望那些深陷苦难之中的儿童。

她为那些弱小、无助的儿童说话，呼吁国际援助，请求给予孩子们一份尊重。赫本心念那些儿童，并尽自己最大的努力帮助他们。在赫本去世前一天，她的儿子西恩问她还有什么遗憾。赫本说："没有，我没有遗憾……我只是不明白为什么有那么多儿童在经受痛苦。"赫本的行动是对孩子们人格尊严的捍卫，而她也因此显得更加美丽和高贵。

在这个世界上，众生皆平等。然而，现实并非如此，还有很多人无法享受优质资源，身处于水深火热之中。微软创始人比尔·盖茨表示，很多人希望把积累的财富留给下一代。虽然这种做法合情合理、无可厚非，但对他来说，如果能把自己掌握的财富回馈于社会，用到重要的事业上，比如教育、医学研究、科技、社会服务等领域，这样会更有利于人类的发展，也会更有利于下一代的成长，包括他自己的孩子。

2010年，微软创始人比尔·盖茨和股神沃伦·巴菲特发起了一项名叫"捐赠誓言"的活动。这项活动旨在号召亿万富翁们在生前或死后奉献自己大部分的财产来做慈善。他们用捐款建立了基金会，主要投资于各种社会性质的科研、福利等，包括教育、清洁能源、基因研究、致命传染病研究以及抗衰老、老年痴呆症之类疑难病的研究等。

2015年12月1日，在女儿出生的这一天，Facebook CEO扎克伯格宣布将他们所持有的99%的Facebook股份都捐出，用于慈善事业、资助领域、个性化学习、医治疾病等，当时市值约450亿美元。有人说，这项倡议的签署对于这位年轻富豪来说，实属不易，因为很多人是到了一定年纪才开始思考为社会做贡献，由此可见，扎克伯格对公益事业的热爱与支持。

尽管也有人对他的举动提出了质疑，但是他确实在公益事业上做了很多。其实，早在2013年9月23日，扎克伯格就已经宣布捐赠1亿美元，赞助新泽西州纽瓦克市修缮学校。这次捐赠创下了美国青年人慈善捐款的新纪录。

我有一个好朋友叫沈希——典型的白富美。毕业时，当大家都在为工作忙得焦头烂额时，她直接进了家族企业。但是，她和一般的富二代不同，平日绝不会炫耀自己的生活，尽显低调。那一年，她去了趟香格里拉，被眼前风景所吸引的同时，也感受到了当地教育的落后。

当时，她就决定赞助三个小学生，帮助他们到大学毕业。沈希说："你不知道，那里的人们生活条件极其艰苦，更别说供孩子读书了。"

回去后，沈希开始了她的计划。她说："我知道我一个人的力量是有限的，应该让更多人加入进来。对于有钱人来说，每月给孩子捐助700元只是举手之劳，但这却可以改变孩子们的命运，甚至整个家庭的命运。"沈希在和客户谈项目时都会有意无意地让他们了解这一现状，此后她还发起了"希基金"项目。通过沈希的努力，越来越多的人加入进来，因此也有更多的孩子得到了资助。

很多人并不明白沈希为什么要这样努力地致力于公益。沈希只是淡淡地说道："其实，我小时候家里也很困难。你们只看到了我们家企业如今的光鲜，但你们并不知道它成长过程的漫长和艰辛。我们家的企业成长到现在是与很多人的帮助离不开的。

"那时候，他们真的是倾尽一切来帮助我们。最艰难的时候，我家里欠下了许多债，真是如履薄冰。现在，我也有一定的经济实力了，希望能够更多地去回馈社会。"说实话，沈希确实不太像一个富二代，她平日穿着朴素，很少背名牌包包，反而更像一个普通的女孩子。或许是因为曾经的经历，让她更懂得回馈的重要，所以才会尽已所能地贡献着自己的力量。

予人玫瑰是一种能力，也是一种人生态度。当我们得到某些资源的时候，这也代表着一部分人正在失去，或正在遭遇贫穷。我们应该明白，获得之人只是比其他人更加幸运而已。为什么有些人可以衣食无忧地去享受人生，而一些人要遭遇饥寒交迫的生活？要知道，落后的条件由很多因素造成。贫穷并不是因为他们不努力，而是他们无法接触到更多的社会资源，也缺少了创造更多价值的能力培养。

人都应该心存感恩，尤其是女人，只有当她拥有了施与之心后，无论馈赠的多少，才会在这个过程中懂得感恩、包容，更懂得自身的存在价值。愿每个姑娘都能感受那从心间慢慢升腾的力量。

我有一束花，可以赠流年

> 生，是可喜之事。
> 柔软，是一个女人内心应有的状态。
> 原来，我手中有一束花，
> 可以赠流年。

如果一个女人的内心是柔软的，那她对生活的态度也一定是柔软的，这可以从她对生活的各个方面态度中得悉。

那天，我和好朋友芝芝去逛街，路过一家文艺气息十足的花店时，喜欢花草的芝芝拉着我就走了进去。芝芝对花园、对自然不是一般的热爱：她的家装是田园风，桌椅都是木制，透着一股自然的气息；芝芝很爱花，家中的后花园里种了许多花花草草，还有一棵小树。除此之外，芝芝还会定期到花店买鲜花，摆放在家中的客厅和卧室里。

她说："我希望我的生活是鲜亮的、多彩的。这些花花草草给了我新生的希望，让我接触了最原始的味道。通过这些花，我知道我们的生活可以是更精致的。"是的，精致是我们对生活最高的诠释。

我觉得每个女人的心中都应该保留一块柔软地带，让自己有那种被某些点触动的能力，这些点可以是生命本身的律动，也可以是季节变化带来的。

在谢灵运的《登池上楼》中，我们能看到他对春日生机的感叹：冬日的阴冷正隐隐退去，新春的气息扑面而来。新生的春草已经绿满池塘，园子里的杨柳中藏满了歌唱的莺儿。大自然的生命在春天得到了新生，或是自己的生命在春天得到复苏："初景革绪风，新阳改故阴。池塘生春草，园柳变鸣禽。"

再来看看苏轼的《惠崇春江晚景》，诗中依旧表现出了春的律动和生机勃勃："竹外桃花三两枝，春江水暖鸭先知。蒌蒿满地芦芽短，正是河豚欲上时。"不管是桃花，还是春天的江水、浮游的河鸭，那触动心弦的一瞬间，不仅有对美好季节的留恋，也是对生命中绚烂绽放一刹的赞叹。

我和芝芝逛街的那一天，正值圣诞前夕，路旁坐着一位年岁已经很大的老奶奶，她面前的篮子里放着许多花草。芝芝走过去，笑着对奶奶说："奶奶，我想把所有的花都买了。"其实，那些花大部分已经蔫了，色彩也失去了光泽。然而，芝芝总是这样，能够将心比心，站在别人的角度思考。我说："芝芝，我懂你的心思。"芝芝笑了笑："我就想让奶奶早点儿回家。晚上真的挺冷的。"

在历尽万千后，仍能保持一颗柔软的心，仍然可以被生活中的某些事触动，而不麻木或是凉薄，这是一种很强大又神奇的能力，它让我们在面对任何人与事时都保持着一份宽容又快乐的情绪。

芝芝喜欢做些精致的点心和美味的菜肴，尽管她只是一个人生活，但她对吃有着独特的见解，从餐盘到食物的选择都有自己的认识。芝芝将面包片和鸡蛋做出不同的花样来，能够保持一周不重复。她说："我们应该对生活中的一切都努力保持并创造出一种新鲜感。就算是每天重复做着某件事，你也可以让它有所不同。当你的食材只有两只鸡蛋的时候，你的脑海里应该浮现出十种烹饪这两只鸡蛋的方法。"

如果你觉得芝芝应该有着一份非常安稳的工作，有大把时间可以去做这些文艺、小资的事，那么你就错了。其实，芝芝是一位导演，专门拍文化片。她的生活非常忙碌，每天几乎都处于一种亢奋的状态。尽管如此，但她并没有降低自己的生活质量。

在我看来，好的生活质量意味着享受生活的能力。如果生活里永远充斥着忙碌的工作，那么一个人的生活质量不能不说是很低的。生命的常态就是保留最普通的生活。女人的心中应该留有一丝柔软让自己无限靠近生活本身，例如享受甜品、挑选家装、逛街扫货、烹调美食、打扫卫生……并在这些事情中挖掘出很多细枝末节的美好，甚至看到生命中更多的可能。

是的，柔软是一种态度和信仰，让我们对生活一直保持着积极向上的态度。这种积极乐观的情绪是非常重要的。很多女性过了一定的年纪就会对很多事情失去兴趣，生活的热情也在一点一点儿被消磨掉。这并不是一个好状态，因为这正是导致女人提前走向衰老、变得麻木不仁的元凶。其实，女人最大的衰老不是容颜的消逝，而是心的枯槁。这会让她们将所有的事情都程式化，像是为了完成一件任务，甚至将自己也变成了机器。

　　为什么很多女性过了 40 岁依旧像小女孩一样？就是因为她们心中存留一处净地，一处让自己随时变得柔软的净地。她们会在最平淡的小事中发现一丝美好，激起心中的涟漪。这是一种非常重要的能力，让你抵御流年的侵蚀。

　　生是可喜之事，更应该受到尊重。女性的内心应该保持一种柔软的状态，就像是手捧一束花，可以赠予流年的那种清澈而纯粹的柔软状态。

不要忘记那个最重要的男人

> 在一个人的日子里,
> 我们总能想起他,
> 那个一直推着自己向前走的人,
> 是他,
> 给了我们最深沉的爱,
> 他就是那个被我们称作"爸爸"的人。

当一个男人成为父亲的时候,也意味着他身上又多了一份责任。他们开始明白,只有加倍努力,才能给孩子和家庭带去更好的生活。他们加班、应酬、出差,即使遇到再大的风浪,在孩子面前依然坚定如石、高大如山、深沉如海,因为他们知道自己是大树,应该给予孩子最大的呵护。

在一个家庭中,父亲总是扮演着严厉的角色,是权威的象征。因为上天将孕育生命的责任交给了母亲,女人与孩子之间有一种血脉相通的感情，所以她们往往会对孩子更多一些宠爱和宽容。然而，父亲多半是严厉的、理性的、不苟言笑的，对孩子的爱是"不说"，甚至会让大多数孩子有一种误判，认为父亲并不爱自己。过了很多年后，他们才发现自己误会了他——其实，他的爱是最深沉的。

我们应该庆幸，有生之年，有这样一个人给了我们最深沉的爱。在最艰难的时期，他总能给我们力量，用尽全力去推我们一把。在最关键的时刻，他总能给我们最坚定的信念，告诉我们一定要坚强。他们总是一个人默默承担生活的压力和艰辛，将最好的都留给我们。

长大后，我慢慢明白了父亲的爱是无言的，是默默的守护。这一路走来，是他一直在支撑着我。他从来不会责备和数落我。相反，每当遇到困境，他都会给予我最大的鼓励和支撑。他总是坚定地告诉我："爸爸相信你一定可以做到。"

他不仅是我的父亲，更是我的人生导师：

是他告诉我，女孩子一定要坚强，遇到再大的事都不要倒下，因为没人会同情你的软弱；

是他告诉我，女孩子一定要独立，不要依附于任何人，因为任何人都会有离开你的一天；

是他告诉我，女孩子一定要自信，不要被自卑包裹，因为那是你行走于世的底气；

是他告诉我，女孩子一定要努力，任何时期都要有一颗奋斗的心，因为这个世界上能帮你的只有自己；

是他告诉我……

他是一个睿智的男人，对我的教育更类似于放养，他不会像母亲那样让我去上太多兴趣班，唯一的要求就是大量阅读。他告诉我，学习要夯实基础，脚踏实地。他告诉我，不要总是改变自己的方向，一辈子只做一件事，做到极致就好。

父亲不像母亲那样，喜欢将爱表达出来，他总是将爱隐藏得很深，如青山一般。当他知道我要回家时，总会提前一个月将我被褥晒好，将我的床铺好。他知道我喜欢吃鱼，所以每次我放假回家前，他都会去菜场买回许多鱼放在桶里养上好几天，因为这样可以排掉它们身体里的农药。他会提醒我，再忙都要按时吃饭，因为身体是革命的本钱。

他不会将所有的家务活都交给母亲，相反会承担一大部分，因为这是男人的责任。他会教我做简单的菜，教我擦洗冰箱、组装家具、更换灯泡、清理下水道的方法，因为这些都是出门在外必备的生存技能。他会在房后的花园里种上黄瓜、丝瓜、辣椒、南瓜、葱、大蒜等蔬菜，因为他也有一种"采菊东篱下，悠然见南山"的隐士情怀。

每天早中晚，他都会给我发微信，从早安、午安到晚安，询问我是否顺利，一次都不会落下。我知道，他是不放心我一个人在外。也许，在他眼中我永远是那个什么都不会的小女孩，虽然，我早已独立，并且具备了生存的能力。

我还记得中学时期语文课本里朱自清先生《背影》中描写父亲的那段文字。那时候我还小，并不能深切体会文字中流露出的情绪。十几年后，我才慢慢感受到字里行间的深情厚意。

　　长大后，我慢慢明白，原来送别是一件多么残忍的事，因为承受"背影"的永远都是那个站在原地的人。每次他送我去车站或机场，总是目送着我的背影不见后才离开，过了很长时间我才明白其中的复杂情绪。后来，他来南京看我。离别时，我去送他。那一次，当我眼睁睁地看着汽车远去后扬起的尘埃时，才第一次了解了那种感受，也发誓再也不要父亲每一次都去承受这样的背影。

　　父亲永远都不会将心事说出来，因为作为男人，他觉得一个人扛着就好，没有必要让妻儿也一起承担。爷爷奶奶相继去世后，他沉默了很久。我能体会到他心中的悲伤。他将爷爷院子里的丁香小心翼翼地移栽到家中的后花园里。他说："把爷爷的丁香种好，就是对他最大的纪念。"

　　记忆拉回到20世纪90年代，那个时候我还很小，他还很年轻。放学后，我会坐在他的自行车前冲下坡，像鸟儿一样，感受清风带来的自由。晚上，我会满怀期待地听他讲关于小黄车和小红车的故事，那都是他自己构思很久后想出来的。周末，他会给我折宝塔，然后涂上不同的色彩。他会给我订《米老鼠》杂志，让我接触不一样的文化。他知道我喜欢吃巧克力，所以每次出差都会带回许多。每年，他都会给我量身高，然后欣喜地在墙上画下成长的记号。他总是指着地图告诉我：世界很大，你应该去领略不一样的文明，人生还有很多种可能……

有这样一位父亲是幸运的。从他身上，我懂得了什么是仁义、开阔和包容。在最低落的时候，他告诉我要坚强，不要放弃任何希望，生命终究会回归到最平凡的生活常态，其他都是过眼云烟。岁月，真是一个好东西，让我们看清生活最真实的样子，更让我们明白生命中最重要的是什么。离家已经八年，不经意间总是回想起往昔的时光。记忆是清晰的，似乎永远都停留在了那个叫"家"的地方，因为那里有我的父亲和母亲。

深沉如青山，包容如碧海，博大如晴空，那就是我们的父亲。生命之中，有许多不可掌控之事，更有许多不可言说之事，但亲爱的姑娘，请你一定要坚强，因为这是爸爸教给我们的道理。愿你向他道一声安好，愿你坚定地告诉他：谢谢您，在最美好的时光里给予我最大的呵护，伴我成长，给我力量。从前，是您托着我向前走；未来，我会托着您向前走。

其实，家乡才是你行走于世的底气

> 无论以后走到哪里，
> 家乡必定成为我们的念想，
> 也是我们行走于世的底气。

很多时候，我们并不懂家的意义，只有在离开后才发现那意味着什么。

我曾经遇到一个女孩，来自比较贫穷和落后的地区，一个她早已离开多年的地方。那次我们聊到家乡的时候，她说自己不想提及那里，因为她觉得家乡让自己心生羞愧。我们在场的人都觉得非常尴尬，不知道该说什么。

由于地区偏见，女孩的家乡名声很差，所以问及家乡时，她总是被人嘲笑和冷落。她一直在努力改变自己的身份，希望在大城市里得到认同。

其实，女孩的想法是可以理解的，但却是不敢认同的。说实话，逃避这个问题，并不是解决问题的根本方法，不如勇敢地去面对它。这个社会上，有很多像这个女孩一样的年轻人，他们嫌弃自己的家乡，想尽一切办法远离它、贬低它、嫌弃它。正如很多孩子会嫌弃甚至埋怨自己的父母，觉得自己的家庭不如别人，其实这都是不应该的，人不能忘本。

有句话叫："子不嫌母丑。"的确，你不应该嫌弃生你养你的父母，因为他们已经尽力给了你最好的。每次遇到那些嫌弃家乡穷、偏、落后的姑娘，听着她们抱怨自己家乡的穷困，抱怨自己的父母不能给自己更好的条件，将自己的失败归咎于家乡、家庭的穷困时，我只感觉到了她们身上懦弱的一面，也找到了她们不成功、不快乐的根源所在。我所欣赏的女子是明知自己家乡落后，但能够绝地反击的那一类。

我认识的一位女企业家，在南方做珠宝生意，女王范儿十足。她的家乡在遥远的北方，原本算是一个极其落后的地方。不过，在20年前，她已经开始回馈家乡，为家乡做贡献，修建学校、投资办厂、投资公共交通事业。她说："我希望家乡的教育、医疗、交通等问题都可以得到解决。"

说实话，当年她是被迫离开家乡外出打工的，没有任何积蓄，只是带着一些随身衣物离开了家。在外面，只要提到自己的家乡，别人都说那里非常偏远，甚至贫穷。那时候，她特别自卑，但她还是暗暗发誓："一定要好好奋斗，以后要贡献家乡，让它成为所有人羡慕的对象。"20年后的今天，她的家乡到处是新盖的各种楼房，而每一处新楼都能寻觅到她的影子。

后来，由于企业越做越大，她渐渐被众人熟知，并且变得越来越有名气。由于她在家乡投资了许多重大的工程，所以她的家乡也开始被人熟知。她说:"我不能埋怨家乡的落后,反而该感激它。因为它养育了我,让我认识到自身的不足,也激励我要更加努力。"

人都会有一种安土重迁的感情,因为那里记录了自己最美好的童年时光。很多时候,我们都希望突破重重包围,离开自己的家乡。但是,也往往是离开后,才发现那里是自己永远无法忘怀的一个地方。无论过了多久,人的情感总会停留在很小的时候,因为那是自己的根。

每个女孩都不应该忘记自己的家乡,因为那里有你永远无法砍断的根。

上大学后,我就离开了老家,那个生活了将近20年的地方。一开始,我并不懂家的意义。后来,我才慢慢懂得,其实家意味着记忆,承载着自己的根。说实话,无论以后去哪里生活,必定有一处地方可以成为我们的念想,并且成为我们行走于世的底气,这个地方就是我们的家。

亲爱的姑娘,今后无论你走到哪里,请都不要忘记自己的家乡,更不要因为它的落后而嫌弃它。很久以后,你会慢慢发现,那个地方是撑起你未来人生的支柱,是你人生信仰的最初来源。

第十一章

情商：深谙世故但不世故

那天，当你机智又巧妙地化解了所面对的敌意时，你就已经开始懂得了世故。岁月磨平了我们的棱角，让自己放下一切身段，行走于风雨飘摇之中，作为女子，懂世故但不世故，不忘初心，方得始终。

笑得甜的姑娘，运气都不会太差

> 笑容是一缕阳光，
> 轻抚脸颊的那刻，
> 心生一丝柔软。

在古龙的《大人物》中，秦歌这样评价田思思："笑得甜的女人，将来运气都不会太差。"想不到古龙这样的侠义之士竟然也会有这样的感慨。爱笑的姑娘运气都不会太差，这话还是有一定道理的。首先，她们不会纠结于某事；其次，笑容就是一种亲和力，像吸铁石一般能引来同样充满阳光的人。

如果一个30多岁女人的脸上还能有20岁女孩的笑容，那么她的内心一定存有一个明媚的太阳，可以驱散所有的阴霾与黑暗。每当看到那些嘴角上扬、面带笑容的女孩，总感觉像是心中射入了一缕阳光，灰暗与苦涩都一扫而尽。其实，很多女孩的人生并非像她们的笑容那般美好，只是她们比一般姑娘要更向往阳光。

我从小认识一个叫玖玖的女孩子，她脸上总是带着阳光般的笑容，似乎心中从来没有什么忧虑的事儿。在中学时，一次放学的路上,她一边走一边和同学说笑着,口渴了,她喝了一口水,没想到水却顺着她的嘴角流了下来。玖玖心里咯噔了一下,以为只是一般的抽筋。然而,当她再次喝水,水再次流了下来的时候,玖玖不禁慌张了起来。

第二天,父母带着玖玖去医院检查。医生靠诉他们玖玖得了面部神经性痉挛,而且症状很特殊,能不能痊愈都要看治疗过程。玖玖明白,自己正面临着一次巨大考验,能不能跨过去全要靠自己。

后来,当我们再次见到玖玖时,她并没有变得悲观失望,反而更爱笑了。她每天都会笑着和所有人打招呼,笑着去面对一切不顺心的事。她还会在空间里上传许多照片,笑得都特别灿烂。我们都以为玖玖的病很早就治好了,但10年后,她说了一件让所有人都震惊的事。

那天同学聚会,玖玖说:"其实,我的面部神经性痉挛并没有痊愈,我左脸颊上有些神经仍是坏死的。这些年来,我一直都努力保持着微笑,就是不想失去笑的机会。"那天,我们也才知道,玖玖所有的照片都是经过处理的,她说希望能将最美的自己展现出来,尽管再也不能像小时候那么笑了。我们也才知道,玖玖为了遮挡患病一侧的脸颊,她才一直留着那已经成为她的标志的齐刘海波波头。

玖玖告诉我们:"我真的很珍惜能笑的机会,那真是上天赐予我的福分。虽然我的面部神经有些已经坏死,但我依然珍惜这个福分。你应该经常笑笑,不要总是苦着脸,多浪费上天赐予的美好?"听到玖玖的这番独白,大家都不说话了。

你能想象,玖玖后来竟然成为某大集团的微笑大使吗?你能想象,她的笑容征服了万千网友吗?后来,玖玖和一批患有面部神经性痉挛的朋友还建立了一个微笑俱乐部，向所有人宣传微笑的好处和意义。有玖玖这样一个朋友，让我们每个人都从心里佩服她。反观有些女孩子，遇到一点儿困难就苦着脸，像别人欠了你多少钱似的。遇到一点儿不顺心的事情就对别人冷眼相待，似乎是要和全世界宣战。我不知道这样的女孩子能给周围人带去什么，但可以肯定，她给自己带去的是阴郁和黑暗。

你可知道，当你嘴角下拉，看什么都不顺眼时，你整个人的面部就会呈现出一个"苦"字。为什么很多四五十多岁的女性，看起来总是满脸的苦涩呢？那都是因为她们被时间、被苦难打磨，才有了如今淡漠又凉薄的神情。她们总觉得生活亏欠了自己，甚至将身边的所有人都当作仇人。

我特别相信古龙的那句话："笑得甜的女人，将来运气都不会太差。"的确，她们对生活一直保持着乐观和积极的态度，能够用笑容化解一切。她们并不是没有悲伤和失落，只是她们能够用自己的笑容将其淡化。她们用笑去弱化生活和工作中的压力，让身边的所有人都感到轻松。她们也由此为自己赢得了更多的机会，因为这个世界青睐那些拥有阳光般笑容的女人。

女人应该珍惜上天赐予你笑的权利，更应该保护自己那种无忧的笑容。当你开始笑的时候，你会发现一切都是崭新的、充满希望的。女人更应该善用自己的笑容，那是你的权利。

亲爱的姑娘，愿你每天都笑靥如花，心中没有忧愁，脸上没有被岁月侵蚀的凉薄。笑容好似一缕阳光，轻抚脸颊的那一刻，我们心生一丝柔软。

人静如莲,繁盛不招摇

> 如莲般安静的女子,
> 虽没有牡丹的富贵妖娆,
> 但她美得不可亵渎。

周敦颐在《爱莲说》中这样说道:"予独爱莲之出淤泥而不染,濯清涟而不妖,中通外直,不蔓不枝,香远益清,亭亭净植,可远观而不可亵玩焉。"虽然莲花没有牡丹的富贵和妖娆,但她美得不可亵渎。

我很喜欢那些如莲花般安静的女子,在人群中虽没那般引人注目,但是她们的优雅和芬芳总是随着时间在慢慢向外扩散和渗透。

有一阵子,一组名为《24节气美食》的复古风手绘插画在网络中很走红。这组图画每张一个节气,搭配应景美食:立春吃咬春、雨水吃罐罐肉、惊蛰吃炒虫、清明吃青团、小满吃苦苦菜、芒种煮梅、夏至吃凉面、冬至吃饺子、小寒吃菜饭、大寒吃八宝饭……

在"冬至"的图片说明里,附有一句话:"冬至前后,君子安身静休,百官绝事。""小满"的图片说明是"安息火炽,澄和心神"。"小寒"的配文是"天寒地冻北风吼,小寒时处二三九"。"大寒"配文"大寒为中者,上行于小寒,故谓之大,寒气之逆极"。简短又耐人寻味的文字,与绘图交相辉映,恰到好处,古意盎然。这些文字像是将我们拉回到了古代,穿梭其中,感受一种回归和等候。

这些绘品的作者是李晓林,她的系列作品《气象勘测仪器发展史》也具有超高人气。在这组图片里,她用细致的笔触画下了从古到今气象仪器的变迁,生僻而古老的仪器被直观的画面赋予了全新的生命力。

李晓林是一个自由插画师,黑色的齐腰长发,眼神中透着笃定和淡然,颇有一种东方女性的古典美,看到的网友们纷纷惊呼她就是现实版的南湘。在现实生活中,我们已经很难找到这样的女子了。她像是生活在山林间的隐者,更像是画中走出来的人物,坚持手绘画,坚持中国的传统文化。她的画风就像她的人一样,透着古典气息,细腻、淡雅。

李晓林的母亲是学中医的,所以她身上也自然而然地继承了中国古典文化的一面。在一次采访中,她提到自己为何画中国传统节气和美食时,她说自己舍不得这些东西被人遗忘并消失。

李晓林让我相信,这个世界上确实存在着这样一种女人:她们才华横溢、人静如莲,繁盛而不招摇;她们心有所念,珍惜传统中的美好。

很多自身条件非常好的女孩在生活中都非常招摇,生怕有谁注意不到她的存在。我曾参加过一个饭局,饭局上有几个非常漂亮的姑娘。其中有一个叫潇潇的女孩,不仅人长得非常漂亮,而且因为工作走了很多国家,饭桌上,几乎充满了她侃侃而谈的声音,一会儿告诉我们她去了法国的时装秀,一会儿又是去了英国的城堡,又或者是去吃了意大利餐……

当她谈到着装时,她看着对面一个穿着中国风服饰的姑娘,略带骄傲的表情说:"我说,这都什么年代了,你怎么还走中国风路线啊?你看你上衣的青花瓷,早就过时啦。你应该看看现在的流行趋势,就知道什么才是潮流。"对面的女孩并没有说什么,只是看着她静静地笑了笑。最后,女孩说:"其实,我们应该珍惜属于自己的东西。"

饭局散后,潇潇和朋友们去喝茶,依旧念念不忘刚才那个女孩。潇潇说:"真是笑死我了,她太落伍了。"一个朋友这时告诉她说:"潇潇,其实……她是刚刚在巴黎获得国际时装大奖的青年设计师,而且是有史以来最年轻的获奖者。"这个时候,所有人都瞪大了眼睛。

朋友继续说道:"她叫洛白,一位艺术博士,现于美国一所大学访学,主要职业是设计师。因为从小喜爱中国文学和艺术,所以她的设计一直都围绕着中国元素。她不希望老祖宗的东西被人遗忘,更不希望古典美在现代化进程中被淹没。其实,洛白穿的那件青花瓷上衣便是她的获奖系列作品之一。"听到这里,潇潇的脸顿时红到了脖子根,她不曾想到那个被她当众嘲讽的姑娘竟是这样厉害。

在生活中,像潇潇这样的女孩还有很多。她们喜欢炫耀自己看过的书、旅游过的地方,以及买到的奢侈品。其实,真正的繁盛并不是炫耀，而是一种由内而外散发出来的气韵和芬芳。

一个成功又有修养的女性应该是如莲花般慢慢绽放的，繁盛而不招摇。尽管她们能力强、修养高，但她们懂得不争锋、不争宠、不炫耀。这种女孩像是一块磁铁，悄无声息中将一切都慢慢吸引过来。

姑娘，你应该做一个如莲般的女子，虽没有牡丹的富贵妖娆，但是你繁盛得不可亵渎。

不要在欲望中迷失自我

> 人生应该做一场减法,
> 将名利与成败看淡一些,
> 否则悲凉也将随之而来。

我们知道,人类活动因为欲望开始、发展。欲望主导着社会生产和生命的延续。从这方面来说,欲望是人类存在、是推动人类社会进步的原动力。欲望本身本不可怕,只要调节在一定程度内,只要不被其左右就好。

但是,有一个成语,"欲壑难平",也告诉了我们欲望的不可控。的确,有时候人的欲望就像深谷,永远无法被填满。行走于红尘之中,人们难免会对财富、地位、权力、爱情等事物产生无止尽的欲念。欲望越多,人就会变得越迷茫,越看不清自我。当你想拥有更多,而自身又没有承受的能力时,那么你必将承担欲望给你带来的后果,你也必将被欲念所累。

正如弗洛伊德所说,人的本能是被历史条件决定的。欲望作为本能结构的一种,无论是生理的还是心理的,都无法超出历史结构。欲望的功能作用是随着历史条件的变化而变化的。由于欲望的有效性是有限度的,因而欲望的满足不是绝对的,所以会不断有新的欲望产生。如果过度释放欲望,那么它的破坏力也是巨大的。

小萌和小蕊在大学时期就是非常要好的朋友,最终却因为钱导致她们姐妹反目,最终分道扬镳,甚至到了提到对方就咬牙切齿的地步。小萌很有钱,做一些投资生意。小蕊的生活虽然不是大富大贵,但也算得上小康。小蕊见小萌的投资生意做得非常成功,就想也从中分一杯羹,与此同时,小萌也希望筹集更多的钱去投资。两姐妹就这样一拍即合。

在投资初期,小蕊赚了一些小钱后非常开心。于是,她想着与其将钱存入银行,还不如都投到小萌那里。于是,小蕊又向亲朋好友借了些钱,一起投进了小萌的生意。可惜,好景不长,没过大半年,小萌的投资生意出现了问题:项目老板卷钱走人,所有债都要她一个人去还。这个时候,小萌整个人都要疯了,几乎每天都睡不着觉。

起初,小蕊觉得小萌欠了上千万非常可怜,觉得应该帮她。但是,没过一周,小蕊越想越不对劲,她认为自己必须向小萌要回自己投进去的几百万。但这个时候的小萌根本无力偿还欠款。小蕊并没有对小萌留情,她整天去小萌家,一哭二闹三上吊。她还去朋友圈里骂小萌,弄得满城风雨、尽人皆知,让小萌名誉扫地。她甚至还扬言,如果小萌不还钱,她就去找人恐吓小萌的父母和孩子。

最终,要不回欠款的小蕊做了件疯狂的事。她去找了一些社会青年,去小萌父母家大闹了一番,并且在她父母门口贴满了"欠债还钱"的字条。小萌的父亲因为这件事气得心脏病突发,被送进了医院。那个时候,小萌忙得焦头烂额,而小蕊的落井下石让她心寒至极。小萌想,曾经她们是形影不离的好姐妹,可是几个钱不仅让友谊丧失殆尽,甚至闹成现在这样,这算什么朋友?

最终,小萌将自己的几处房产便宜处理了,还清了小蕊的钱。还钱的时候,小萌对小蕊说道:"小蕊,我们曾经那么要好,可是这件事让我彻底认清楚了你。从今往后,我们再不是朋友。"对此,小蕊回复小萌说:"欠债还钱是天经地义的,况且那些钱也不是我一个人的。就算我不要自己的钱,那我也得把我亲戚朋友的钱给他们讨回来。"

从那以后,她们再也没有联系过彼此,一对曾经无话不谈的好友就这样变成了陌生人。这件事,我不知道该把责任归咎于谁,或许两人都有自己的理由,或许问题的根本还要归于一个"贪"字。人总是贪于获得更多的东西,当他们得到某件东西后,就会想要得到更多,永无止息。无论是小萌还是小蕊,她们的悲剧都是源于对金钱的贪念,最终一个欠下了巨额的债务,一个和姐妹反目。

人对金钱的欲望总是无法满足的。那么多的落马官员,不都是因"贪""欲"二字,导致最终再也无法回头?人一旦得到某些权力,就会希望得到更多,就会受到更大的诱惑,侥幸心理让他们进行权钱交易。当钱来得太容易时,他们以权谋私的欲望就会越来越强烈。这是一个无底洞,其破坏力是巨大的,也是摧毁性的。因为"欲"字,他们的人生从此走上了不归路。

　　也因为"欲"字，他们偏离了曾经设想好的轨道，让人生、让精神都背负了沉重的枷锁。有些事情，一旦触碰了，就将无法停息。欲念像滚雪球一样，越滚越大，并慢慢与一群人的欲念纠缠在一起。最后，当他们感到后悔的时候，已经无法回头了。于是，这些人带着自己的欲念，还有其他人的欲念，最终一起走向毁灭。

　　欲望应该适可而止，否则我们将无法感知生命的意义。人们应该抑制那些低级的欲念，并且将那些无法压制的欲念加以升华，让它们推动我们去做更好的事情。

　　是的，沿路的风景很美，但大多遥不可及，而欲念就像彩色的肥皂泡泡，虽美好，却一触即破。如果一个人的心追求得太多，装得太满，那么他将无法轻松上路。人生应该做一场减法，将名利与成败看淡一些，否则悲凉也将随之而来。

来说是非者，必是是非人

> 不要一开口就让人心生厌恶，
> 更不要见谁都"互诉衷肠"。
> 来说是非者，
> 必是是非人。

很多女孩子有着出众的外表，但一开口就让人心生厌恶。如果一个女孩子不能管住自己的嘴巴，那么她也管不住自己的心。往往搬弄是非者最终都会被是非绊倒，夸夸其谈者终究会有被揭穿的一天。

佛家禅语告诉我："来说是非者，必是是非人。"那些在人前道他人是非的人，自然也会在他人面前说你是非。这些人便是舆论风浪的制造者。所以，千万不要对这些人推心置腹，否则后患无穷。

《圣经》中说："凡人所说的闲话，当审判的日子，必要句句供出来。因为要凭你的话定你为义；也要凭你的话，定你有罪。"闲话也就是无中生有、画蛇添足的话，这些话一旦说出口，传入他人之耳，就再也无法收回，并且可能被改写成各种版本。我们都应该明白一个道理：传出去的声音是没有回头路的。

刚进校的时候，有一个宿舍的几个女孩子相处得都非常好，整天形影不离，但过了一段时间后，她们开始变得小心翼翼起来。后来，她们不再一起吃饭、聊天、逛街，渐渐地变得陌生。有一天，舍长小爱再也受不了了，她问二妹陌陌："我们的关系为什么会变成这样？"

陌陌说："这应该要问你自己吧。鹿鹿说你太高傲了，总是不理人，还说你根本看不起我们。"顿时，小爱的脸涨得通红："我对你们那么好，怎么可能看不起你们？而且我什么事情都迁就她，让着她！她怎么可以这么说我？"

一旁的三妹CC忍不住了，对陌陌说："陌陌，你和鹿鹿整天在一起，难道不知道鹿鹿特别讨厌你吗？"此刻，陌陌的心情一落千丈，惊讶道："怎么可能？她讨厌我？这不可能呀！"心情复杂的陌陌思考了片刻对CC说："可她最讨厌你呀。她说你家里有关系，所以辅导员才对你那么好，任何评优都会先考虑你。"

小爱、陌陌、CC三个人陷入了沉默。她们终于知道为什么宿舍会变成现在这个样子，也知道谁是始作俑者了。真相大白后，那个搬弄是非的鹿鹿再也不好意思和小爱、陌陌、CC住在一起，一个人搬出了宿舍。

那些搬弄是非的女孩子，以为自己很聪明，站在风暴的中心不受一点伤害,但她们终究会被人揭穿,让所有人厌恶。

我们周围还有不少这样的女孩子:她们自己没有多少能力和水平,但喜欢用"更优秀的人"来抬高自己的价值和地位,贬低并数落身边的朋友。但事实上,这些"更优秀的人"和她们半点关系都没有。这并不是什么高超的做法,而是一种非常可笑且愚蠢的行为。

有一次,朋友清清拿着一件男朋友送的礼物过来告诉我们:"这是我男友出差从香港给我带的包包,花了他不少钱呢,真的很感动。"听到这话,燕燕却不以为然地说道:"唉,我同事的老公也刚刚从香港回来,送给她一款今年限量版的LV,比这个漂亮多了。"气氛因此一下变得非常尴尬,清清红着脸坐在那儿半天说不出一句话。

其实,我很理解清清的感受。清清男友的事业才刚起步,出差给她带回这个包包是一份心意。可是,燕燕用自己同事的例子贬低了清清收到的礼物,让清清的自尊心受到了伤害,同时在表面上抬高了自己。但是,燕燕同事收到的那款限量版LV跟她一点关系都没有,只不过是她伤害其他人的方式和武器罢了。

燕燕可以说自己是无心的,或者神经大条,但她不尊重清清这点却是无争的事实。有些人总是会用无心、直爽、大大咧咧来掩饰自己的过错,但这种所谓的无心却是建立在不尊重他人的前提下,甚至会演变成为一种刻意的伤害。

人们总是会陷入某种误区,觉得自己认识了某一个"牛人",自己的身份也随之抬高,甚至以为自己也进入那个"牛人"的世界，并进而成为他贬低周围人的资本。当一个人越来越陷入这种误区的时候，那他的人生也只能停留在这种自我麻醉的状态里了。

有个朋友小陆，总是会在朋友聚会的时候吹嘘自己又见到某某大人物，或者受到了某某高人的指点。一开始，大家听了她的话都很自卑，觉得她超出自身那么多，认识这么多人，可以接触到这么多的"关系"。但事实上呢？几年后，她依旧在重复着自己见过某某大人物，受到某某高人的指点，再反观她自身的生活和工作状况，却一直停滞不前。

亲爱的姑娘，请管住自己的嘴巴，因为经常将情绪诉诸口舌的人，必将受到口舌的惩罚。真正聪明的姑娘必定是谨言慎行的，她们不会用言语行事，更不会恶语伤人。在这个世界里，说话的人总是太多，而做事的人总是太少。作为女孩子，请不要一开口就让人心生厌恶，更不要见谁都"互诉衷肠"，管住自己的嘴巴，管住自己的心。

第十二章

人生：美好的时光，值得静静守候

那天，你看着夕阳，骄傲地扬起嘴角，以一个最华丽的姿态，完成转身。作为女子，面对变迁的世事，心中留有一份慈悲，终将成就最美好的自己。

每一段时光都有存在的意义

人生中,
有许多可遇不可求的事,
错过了,就是一辈子。
最终,它们都遗落在了生命的长河之中。
也许,这就是时光的意义。

很多时候,我们都在想,如果时光能倒流,也许就不用走那么多的弯路。如果有机会重新选择,如果不是遇到那个人,而是其他人,那么青春就不会被辜负。要过多久我们才能明白,其实无论你怎么选,最终都会后悔。青春本来就是用来浪费的,而那些被辜负的过往岁月终有其存在的意义。

那天,小乔找我出去散心,闷闷不乐。坐在咖啡馆里,没说几句话,她突然哭了起来。原来,她的前男友陆杰在朋友圈里上传了他和新任小女友的照片,十指紧扣,无名指都戴着戒指,羡煞旁人。照片的下面还附上了冯唐的《可遇不可求的事》:

后海有树的院子
夏代有工的玉
此时此刻的云
二十来岁的你

小乔愤愤地说:"这个女孩比他小七岁,是个还没毕业的大学生,原来这就是他可遇不可求的事!陆杰竟然跟他的哥们儿说,因为女孩比他小很多,所以他特别想呵护她!他这话是什么意思?不就是在变相说我年纪大?不就是说我这样的女汉子不需要被呵护?呵呵。"那一刻,我的心情是复杂的,不知道该如何回答小乔。

小乔和陆杰是大学同学。小乔是个典型的学霸,对未来的人生早已经有了很多设想;而陆杰恰恰相反,随遇而安,走一步算一步,从来都不愿过多去规划未来。但令人惊讶的是,两个这样不合拍的人就这么走到了一起。后面的事,就像所有烂俗的电视剧剧情一样烂俗,他们彼此消耗了6年的青春之后,最终还是分手了。原因很简单,小乔受不了陆杰的游戏人生,而陆杰也受不了小乔的强势霸道。其实早在一开始,所有人就已经意识到了,他们根本就是两个世界的人,只是在这一站路过,相互陪伴罢了。下一站,奔赴各自的天涯,不再有交集。

小乔告诉我:"陆杰跟我在一起的时候,根本不允许我上传照片秀恩爱,让我一切保持低调。他觉得秀恩爱是一件很傻、很蠢的事情,可他现在倒是好,有了一个可以呵护的小女友之后,直接晒出了戒指!还配上了诗句!你说,我这么多年的青春，算什么？"后来，小乔倚着我的肩膀，痛哭了一场。

其实，很多女孩的生命中都难免会遇到这样一个人：你陪他走过青春，陪他成长，将他打造成最好的样子。但是，未来的一切并没能按照你计划的那样往下进行，慢慢地，他开始无法忍受你的强势、你的咄咄逼人、你的唠叨……最终，你们走向了分手。你哭过、痛过、悲伤过、彷徨过、怅然若失过。

后来，那个男孩子成熟了，开始在爱情面前变得小心翼翼。他学会了如何去呵护女孩，懂得让她走在马路的内侧，懂得为她开车门，懂得了体贴，懂得了嘘寒问暖，懂得了容忍她的小性子、臭脾气，懂得了一切你不曾感受的温柔。是的，你的离开成就了现在儒雅又体贴的他。是的，在他们眼中，强势的女孩永远不需要被保护，因为她们足够强大，足够保护自己。你淡淡一笑，是的，这么多年的青春原来是被狗啃了。如果你不在乎他，不爱他，怎么会用青春陪他度过最落魄的时光？

很多时候，女孩子都会心有不甘，为什么要将自己一手打造的他拱手让人？也曾后悔过：如果能够重新在一起，那该多好。可是，一切都不可能了。就算你们重新在一起，很多问题与矛盾依旧存在。最终，还是应了那句话：分分合合，终究是要分手的。因为，你会发现，自己依旧无法容忍他的那些缺点，那些本质问题依旧存在。

小乔问我："那段最美好的青春算什么？就这么被浪费了。如果我能遇到一个对的人，如果当时没有那么任性和倔强，就不会在这个人身上耗费六年的青春。"我擦干了小乔脸上的泪痕，说道："其实每段光阴都有存在的意义。无论你选择谁，你都会后悔，或者遗憾。如果不是遇到陆杰，也许你也不会成为现在强大的自己，能够赤手空拳、独当一面。他不懂你的好，不懂你的努力，不懂你的拼命，那就这样算了。是他不懂你，是他配不上你的优秀。"

记忆中的碎片早已无法拼凑完全，宁愿将过去铭记，也不要再深陷泥淖之中，无法自拔。就像冯唐诗中所说，那些生命中的惊鸿一瞥，都是可遇不可求的。万事万物都在变化，我们都会老去。没有永恒的爱与守候，也没有永远的恨与遗憾。青春本身就是用来铭记的，不管是好的还是坏的，不管是幸福的还是痛苦的。如果可以和年少时的他走到白头，那将是人生最幸福的事。但是，就算你们分开了，也不用悲伤，因为在这段时光，你们曾彼此陪伴，这已足够。

亲爱的姑娘，青春中的每一段时光都有存在的意义，无论是被辜负的，还是被浪费掉的。我相信，终究会有一个人会出现，惊鸿一瞥，愿倾尽一生去填补你灵魂中那处撕裂已久的缺口，永远驻足。

走过的路途，彼此相通

> 人生没有白走的路，
> 更没有白白消耗的时光。
> 那些印迹都将连成完整的音符，
> 可以谱曲，亦可成章。

生命中，我们总会告别一些城市，以及一些人。在如风的岁月里，他们悄然而逝。后来，我们总是在想该用一种怎样的方式与过往的一切告别，或是激烈的，或是安静的，或是悲伤的。我们会默默地作别逝水，因为你永远都无法握住昨日的光阴。

人生并非只有一种色彩。所以，一路走来，我们一直在迎接新的色彩，也一直在告别旧的色彩。在每一个地方，我们都留下了清晰的记忆与言说方式。在临走前，我们都在寻找某种告别方式。有生之年，狭路相逢，是彼此的福分。愿日后的你我，生活无忧、悲喜从容。物与物，终有一瞥。人与人，终有一别。

那年，他30岁，依然单身。那年，她也30岁，依旧不愿去触碰爱情。那天，他发了条短信给她："明天，我要去你的城市。"她看了看短信，遗憾地停顿了片刻，回他道："其实，我在两天前已经离开那座城市了。"另一头的他不知所措，但还是淡淡一笑，回道："没关系，能去你的城市，走走你走过的路，也很好。" 她依旧是往昔的平静，因为知道没有结局。最后，她只是又回了他七个字："谢谢你来看过我。"

那年的毕业季，她站在人群中，听着毕业歌会，哭红了眼。她知道，从此以后就要永远离开这座城市与学校。后来，他在人群中搜寻到她的身影，发出一条短信："我们一起去屋顶看烟花吧？"她看了看短信，笑了笑，关机。她再一次逃避了他，不留一点余地。因为就要离开了，所以不想开始一段注定将被时空消耗的感情。

那天，她收拾好行礼，作别家乡。明明可以安稳一生，但还是选择以飘零为归宿。他笑着说："时不待我，愿你过好此生。"此后，他们不再联系，就算相逢也只能遥望，咫尺天涯。

那年的烟花一定很美，但她错过了。如果美好的事物终究会消逝，那就让它们慢慢离开吧。最终，她用最安静的方式与他作别，而他用最隐忍的方式默默祝福她。没有纠缠，也就没有离别，一切都可成风。

我清晰记得《山河故人》中的那段话："每个人都会陪你走一段，今后的路也会有另一个人陪你走。"就算这样，那些人都真切存在过，无论好与坏都已经不重要。他们是你人生的见证者，而非过客。

其实，没有谁的人生是一帆风顺的，我们都需要在这不安的岁月里，摸爬滚打，甚至四处流浪。当要远去时，最好的告别方式是悄无声息的，不会太热烈，也不会太悲伤，因为我们相信未来还有相见的机会。

一座城市，或许是路过，或许是怀念，或许是铭记，或许是遗忘，又或许是找寻。无论以哪种方式开场，又以哪种方式终结，都将成为生命中不可或缺的组成部分，并丰盛着我们的人生。

也许你会觉得"告别"意味着失去，"再见"意味着再也不见、永远错失。但是，它们早已丰富了我们的人生，而我们的每一步都留下了它们的印迹。每一座城市，每一个人，都有他们的故事。不管是幸福快乐的，还是悲伤的、怅然若失的，它们，都是让我们的人生因此而完整的存在。

在李宗盛大哥的新作《致匠心》中，他这样说道："人生没有白走的路，每一步都算数。"的确，没有那些年的漂泊、挣扎和苦闷，怎会成就后来那些耳熟能详的歌曲？从东京的《漂洋过海来看你》《领悟》到温哥华的《十二楼》《伤痕》，从香港的《伤心地铁》《我是真的爱你》到吉隆坡的《爱如潮水》《鬼迷心窍》，之后再回归台北……这其中的每一步与每一座曾走过的城市，都是彼此相连、相互沟通的，也让他的每一首歌中都留下了那座城市的情绪。

很多时候，漂泊的人总在疑惑："为何要漂泊？这样的折腾到底有什么意义？"在人生的每一个阶段所走的每一段路，我们都会产生新的认知，心性也会随之变得更加开阔。而每一次质疑，都是一次重塑与新生，会让我们评估生命的价值与意义。我们所踏过的道路、所打过的照面，都不该是终结，而是开始。

  生命之中有很多不可诉说之事，都被悄悄地掩埋在了旅途之中。生是可喜之事，寂静欢喜便是对其最大的敬意。年华都有老去的一日，而不朽的是内心的从容以应和脸上的浅笑安然。记忆中，那座城市的羊肠小道依旧清晰可见，伴着老年人的笑声与歌唱，慢慢在岁月中留下最深刻的痕迹。

  后来，我慢慢明白，人生中没有白走的路，更没有白消耗的时光。就在最清澈的年华里，慢慢体会和经历。希望在你我的暮年，回顾往昔时光，不留一丝遗憾。那些印迹都将连成完整的音符，可以谱曲，亦可成章。

在时光的废墟中,我唯独记得你

> 我曾爱过你——
> 在被时光掩埋的岁月里。
> 记忆是清晰的,更是刺痛人心的。
> 尽管如此,我依旧想告诉你:
> 在时光的废墟中,我唯独记得你。

在绝大多数情况下,女性都是柔弱的、简单的、感性的。她们很容易感情用事,爱憎分明,不会隐藏自己的情绪。当她们爱上某个人的时候,会显得过分执着,并且会深陷其中,无法自拔。但是,太过执着的女人往往容易受伤。在她们的一生中,必有一个让她们受伤、成长的人。

在网上曾看见过这样一个讨论:如何理解"我爱你,但我不再喜欢你了"?当我看到很多姑娘的回复时,不禁感慨:若不是曾经历过一场撕心裂肺的爱情,她们怎会感知这话中的纠结与挣扎?

是的,在记忆的深处,我们都曾深爱过一个人。离开他之后，我们再也不可能像曾经那样不顾一切。他们是我们的软肋，也早已经成为生命中无法割舍的一部分。对上面那个问题，有位网友这样回答："若你死了，我愿跟你埋在一起；但你活着，我却不想跟你过了。"这样简单又直白的回答，一语道中了问题的本质。是的，我依旧会因为你过得不好而担心、而心痛，可是我真的不愿再与你一起生活，更不会陪你去看尽这人世间的繁华与落寞。我为你付出的一切都已成往事，你记得也好，忘记也罢。从此以后，你的人生与我再无关系。你只属于曾经，无法触碰。

他们很美好，让我们懂得什么是爱，让我们成长。在电影《致我们终将逝去的青春》中，阮莞对赵世永的爱便是如此。女主人公郑微站在阮莞的墓碑前这样说道："阮阮，只有你，只有你的青春永不腐朽。"的确，在这部电影中，所有人的感情都在变，唯有阮莞从高中开始就一直在傻傻爱着赵世永。大学时，异地恋的他们出现了情感危机：赵世永和一个女孩偷情，并致其怀孕。对此，阮莞做出了让人无法理解的行为——她承受着心中的痛，傻傻地原谅了他，甚至给他借钱帮助那个女孩打胎。那些年，她为了赵世永，拒绝了更好的爱情。

毕业后，与赵世永相爱多年的阮莞突然告诉赵世永："我怀孕了。"阮莞的一句玩笑话换来的并不是赵世永的承担与责任，而是他的恐惧与惊慌失措。看到这里，大家应该都彻底看清了赵世永这个人的本色：懦弱、胆小怕事、没有责任感。也正是他一次次的逃避与害怕，不仅把阮莞抛向了最无助的境地，也最终让阮莞彻底死了心。

很多人可能会替阮莞不值，为什么要对这样一个人念念不忘,甚至到了庇护的地步?这样一个人根本不配拥有阮莞的爱。可是,没有经历过这种感情的人根本不会懂得阮莞的痴恋。

后来,到了谈婚论嫁的时候,阮莞找了一个合适的结婚对象。当然,与所有的故事一样,他们之间并没有爱情。阮莞将所有的爱都给了那个人——伤她最深的赵世永。我们都以为阮莞会最终嫁给她那个未婚夫,但她的决定又一次让你我瞠目。就在结婚前,赵世永找阮莞去看那场曾经约定的演唱会。接到消息,阮莞二话不说,飞奔着义无反顾地去赴那场属于青春的盛宴。可是就在路上,一辆汽车疾驰而过,将她的青春就此定格,终成永恒。

在这个世界上,还有很多像阮莞那样的女孩子,倾尽一生,只为一人。她为了那段深情,葬送了自己的生命。突然想起了台湾女作家简媜在《四月裂帛》中写的那句话:"深情即是一桩悲剧,必得以死来句读。"其实,深情还是一杯烈酒,倾尽全部的那一刻,我们必将泪流满面。后来,我们终于明白,这就是爱情,这就是青春。

我不知道该怎样去诠释爱,但无论对错,在那场追逐的盛宴里,她们都是无悔的一族,用最纯粹的爱定格了年华,不朽了青春。生命本身就是一场绝望的等待,最终我们还是放开了他的手。放开的那一刻,我们顿时释然了。曾经,我们不相信可以忘掉那个人,甚至认为自己永远不会摆脱他的阴影,但时间还是成功将我们救赎——或许只是将我们变得麻木不仁。可就算是麻木不仁,也比永远沉浸在痛苦中好。清醒后,姑娘们告诉自己:从今以后,再也不会有这样一个人可以支配自己的悲喜。

亲爱的姑娘，也许你们都曾用力地、倾注所有地爱过一个人，而回忆中的那些往事总是那么清晰且刺痛人心。记忆中的我们是青涩的、纯粹的，还没有深谙爱情中的某些规则。很多年后，当我们回望那段被时光掩埋的岁月时才会发现：在时光的废墟中，我唯独记得你。

因为懂得，所以慈悲

> 他赠：因为相知，所以懂得。
> 你回：因为懂得，所以慈悲。

少不更事，在某座城与你相遇，最终变为成年后的永恒记忆。无论是古道幽巷、断壁残垣，还是高楼广厦、喧嚣街市，惊鸿一瞥，都将成为你我生命里不可磨灭的印迹。因为知道人世多艰，所以我们会更爱这世间的一草一木、一花一树。草木有荣枯，岁月无留情。

芳草是一个漂在深圳的妹子，外表恬静，但内心多有些许不安分。那年，她为了自己的所爱，毅然辞去了稳定的工作，离开了宜居的二线城市，跑到那座令人欣喜也令人生畏的城市。所有人都认为她疯了——为了一个人，放弃了一切。然而，芳草只是淡淡地对他们说了八个字："因为懂得，所以慈悲。"

对于芳草来说，放弃现在的一切，需要巨大的勇气和决心。这意味着放弃了现在的朋友圈，放弃了安逸的生活，放弃了父母的庇护，去另一座城市完全重新开始。那段日子，芳草的父母甚至到了要和她决裂的地步，但她一意孤行，只因为那简单的八个字。

芳草的男友叫烨然，是一位很有才华的画家。他们相识于丹麦，有一个浪漫又戏剧性的开始。当时，芳草去哥本哈根的长堤公园游玩，静静地站在那座世界闻名的小美人鱼铜像前发呆。那时她正处于失恋期，那神情忧郁的少女深深地吸引住了她。这个时候，芳草并没想到自己和小人鱼已经入了烨然的画。卞之琳《断章》中的描述很好地展现了当时的场景："你站在桥上看风景，看风景的人在楼上看你。"烨然静静地坐在不远的画架前，将眼前这个忧伤的女孩画进了自己的故事。也许，这就是生命中不可逃避的一段情。

当烨然将画画好后，芳草依然站在那里发呆。烨然走过去，将画送给了芳草。芳草看着眼前的画，不知该说什么。烨然笑了笑说："我觉得你很适合这个悲伤的故事。"芳草疑惑："悲伤的故事？"烨然神秘地说道："因为懂得，所以慈悲。"微风吹乱了芳草的长发，也吹散了她的心事。她羞涩地站在那里，不知所措。

回国后，芳草将画挂在墙上，心里总是默念着那八个字，而眼前也总是浮现出烨然略显沧桑的面庞。后来，他们也会在网上聊天，古今中外，天马行空。原来烨然是一个独立画家，行走于各个城市作画。每到一座城市，烨然都会将赚来的稿酬变成下一个城市的路费。就这样，他也跑遍了世界版图的三分之一。

那一年的年末，烨然回来了。他去了芳草的城市，静静地看着芳草乌黑的眼睛，他笑了。芳草试探："下一站，你会去哪里?"烨然说:"我会去深圳。"芳草显然有些失落,她很想将他留在自己的城市。她纠结了半天,才吐出一句话:"嗯,祝你在那里创造出一片属于自己的天地。"烨然笑着说:"谢谢。"两个人各怀心事,谁都不愿先开口。烨然走了,继续追逐梦想。芳草继续过着安逸无争的生活。

有一天,芳草对母亲说:"妈妈,我打算去深圳找烨然。"当时,母亲目瞪口呆地看着她,半天才回过神来:"芳草,你疯了吗?你为了一个生活都没着落的画家,就要抛弃这里的一切?"芳草静静地说:"妈妈,我知道你们想安排我去相亲,可是我心里有烨然。"母亲面色难看,只留下一句话,甩门而去:"你要是去了,就不要认我这个妈妈!"芳草孤独地站在原地,无助却决绝。

芳草辞了工作,简单地收拾了一个箱子,告别了公主般的生活,去那座城市寻找烨然,也去追寻自己的梦想。当芳草风尘仆仆地站在烨然的面前时,烨然惊呆了。芳草说:"烨然,我只想跟你生活在一起。"一开始,烨然是拒绝的,因为他自己都无法在这座城市立足,更不要说照顾芳草了,但他知道,自己已经爱上了芳草,不忍放开她。烨然纠结地说道:"我现在还没有足够的钱买房,根本无力承担这座城市高额的房价。我不想让你和我一起吃苦。"芳草笑着摇摇头:"不用,就算一辈子租房都没有关系。"那一刻,烨然的眼眶泛红,将她紧紧拥入怀中:"你放心,我会努力的。"

芳草搬进了烨然的小屋,那是一处狭小的空间,但芳草的心是幸福的,更是安宁的。她知道自己想要和怎样的人生活在一起。作为深漂,他们是辛苦的,但为了梦想,也是满怀希望的。就这样,他们互相鼓励着,很快一起走过了十年的岁月。十年后,烨然已经有了自己的动漫制作公司,也有了一个非常厉害的团队,足以在深圳立足。芳草也已经是一家公司高管,为烨然生了一个可爱的女孩。

两人虽然工作忙碌,但一有时间就会牵着手去海边散步。那天,烨然问芳草:"当初,你怎么就凭着一腔热血来找我了呢?"芳草依旧是十年前的笑容,说道:"因为懂得,所以慈悲。从你送我那张画开始,我就知道你我之间有了某种联系。"烨然将芳草拥入怀中,说道:"芳草,谢谢你的厚爱,让我成就了更好的自己。"

人生就是这样,一路走来,总会有许多艰辛和苦涩,只是他们懂得——两人之所以能携手走过时光,是因为他们彼此懂得人世多艰,爱情不易。

因为懂得生活不易,所以我们的内心会变得更加柔软与谦和。因为懂得爱情短暂,所以我们对那人更加宽容与忍让。曾经,我们爱过、悔恨过、遗憾过,但如今都已经释然。因为相知,所以懂得。因为懂得,所以慈悲。

相信自己的存在价值

> 请相信自己存在的价值与意义，
> 更要肯定自己在推动历史进程中的作用。
> 你要相信，
> 自己是那个闪闪发光的个体。

很多人可能都经历过这样一个阶段：做什么事情都觉得没有意义，甚至会否定自己的存在，认为自己在这个世界里就是多余的个体。受累于这个社会的某种精英价值，他们大多活得非常累，甚至认为自己所做的工作根本无足轻重。

这个社会是非常残酷的，因为它的价值总是体现在某种精英和英雄的价值。但是，你是否想过，如果这个社会里只有精英和英雄，那么他们的存在又意义何在？恐怕，他们也将是毫无价值的。这并不是一种自我安慰，而是一个事实。

荣获第84届奥斯卡金像奖11项提名的影片《雨果》中，有这样一句台词："我把整个世界想象成一个大机器——机器中从来没有多余的零件，只有所需要的零件。所以，如果整个世界是一个大机器,那么我就不可能是多余的零件,一定有存在的理由。也就是说,你也有存在的理由。"在听到这句话的一刹那,我受到了非常大的触动,因为这句话是对一个人、一个普通人存在的肯定。试想一下,如果一款机械钟少了一个零件,那么它也许就是报废的;如果一列飞驰而过的火车少了一颗螺丝钉,那么它也许将车毁人亡;如果TVB剧里少了那些我们熟悉的路人甲乙丙,那么主角的光芒又有什么意义呢?

很多人都觉得自己只是个小人物,对这个世界没有任何价值和意义,少了自己地球照样运行。这样的认知是不利于一个人的前进的,只会让人产生某种悲观的情绪。我承认,相比于宇宙,每个人都是渺小的,甚至连浩瀚星海中的小小星辰都比不上,但我们不能就此贬低每一个生命个体存在的价值与意义。

《阿甘正传》这部影片就充分表现了一个小人物在推动历史进程中的作用。在阿甘小的时候,有一个房客住在他家和他跳舞,而那个房客就是猫王。之后,阿甘参加了越南战争。作为乒乓外交的使者,阿甘又来到了中国,并为中美建交起了重大的作用。更令人意想不到的是,阿甘无意中迫使潜入水门大厦的特工落入法网,导致尼克松总统下台。阿甘甚至启发了约翰·列侬最著名的歌曲,参加了著名的反越战集会。后来,他参与了阿拉巴马大学黑人入学事件,化解了种族危机。此外,他还咬了苹果,成了苹果公司的标志。虽然整部影片将阿甘与一系列历史事件联系起来,只是一种戏剧化的表现,但它也着实肯定了一个小人物在历史进程中的作用。

就算你的职业再普通，就算你的人生再平凡，但你依旧是某种机制里不可或缺的一部分。无论你处在什么岗位上，扮演着什么角色，你都是这个时代不可缺少的。

在我的家乡盐城，有一种鸡蛋饼非常有名，是很多居民早饭的必备。我上小学的时候有一个阿姨就一直在校门口做鸡蛋饼，生意非常好，要想吃到她的鸡蛋饼得提前半小时上学才行。小学毕业后，我就很少再去那里吃她做的鸡蛋饼了。几年前一个偶然的机会，小学同学罗杰跟我说："古茗，我们去吃以前那个阿姨做的鸡蛋饼吧？"我惊讶地说："我们的小学都搬走了，那个阿姨还在那里做鸡蛋饼吗？"他笑我说："谁跟你说学校不在了，阿姨就不做鸡蛋饼了？"面对他的疑问，我竟然无言以对。是呀，我的逻辑确实有些奇怪。

那天早上，我们早早地来到原来的校址，远远就看到那个阿姨忙碌着，而她的身边围着一群人。罗杰跑过去说："阿姨，给我们做两个饼，都加两个鸡蛋、一根火腿肠，不要香菜，多辣。"阿姨看了他一眼，笑道："小伙子，我还记得你上小学的时候每天来这里吃蛋饼来着。"顿时罗杰的脸唰地红了起来。我笑着说："哈哈，原来阿姨还记得你呀。"他不好意思地说道："对呀，那时我家就住在学校旁边，方便嘛。"突然，旁边有一个跟我差不多大的姑娘说："你们也是××小学的吗？"我说："对呀，你也是吗？"她激动地说："对呀！我今天特地来阿姨这里买鸡蛋饼，就她做的蛋饼最好吃！"说完，她迫不及待地跟阿姨说："阿姨，帮我做三个！我爸爸妈妈都喜欢吃你做的鸡蛋饼呢！"只见阿姨的脸上笑开了花："好！好！不急，一个一个来！"

原来，还有那么多人都记得并怀念着阿姨的鸡蛋饼，并且专门赶过来吃她的鸡蛋饼。有的时候，我们会怀念某种味道，是因为我们怀念曾经的年少时代。阿姨已经做了 20 多年鸡蛋饼，她的饼又在多少人的怀念中有着特殊的意义或地位呢？我看着罗杰说："阿姨和她的鸡蛋饼承载了多少孩子童年的记忆呀！"他边吃边笑："你这个女文青又开始感慨万千了？快吃吧！"

今年，当我再次回到家乡，又想去吃阿姨做的鸡蛋饼时，却发现那个阿姨已经不在那里了。我问罗杰，那个阿姨去了哪里，他摇摇头："现在道路上不允许摆摊了，估计她去做别的事情了吧。"那个时候，我的心情又遗憾又伤感，因为再也尝不到曾经那个熟悉的味道了。阿姨和她的鸡蛋饼，不仅是几代人童年时光的回忆所在，也见证了这座城市的变迁。

也许，你觉得自己只是芸芸众生中的一员，微不足道，但是你也许并未意识到自己在某个人心中有着多么重要的意义和价值。亲爱的朋友，请相信自己存在的价值与意义，当你发现自身这些无可比拟的闪光点后，你将爱上这个世界。

擦干泪水,奔赴滚滚红尘

也曾悲观彷徨,

也曾惶恐不安,

最终,还是选择擦干泪水,

奔赴滚滚红尘。

也曾想去过一种与世无争的生活,但终究被生活逼迫着奔赴滚滚红尘。也曾想找一个依靠,过着为人妻、为人母的幸福平凡生活,然而现实终究是残酷无情的。最终,我们还是赤裸裸地被抛向了刀戟纵横的浮生乱世。漫漫征途,别无他途,唯有单刀赴会,奔赴未知。

她叫鱼儿,双子座女孩,热爱自由,喜欢电影。鱼儿像很多女孩一样,从小被家里视为掌上明珠,没有经历过多少风浪,不知江湖的凶险。她心中有一个电影梦,想将笔下的故事都呈现在光影的世界里。大学期间,鱼儿就着手准备出国留学的计划,也向自己的梦想再迈进一些。但是,就在那个时候,鱼儿家陷入了严重的经济问题,无法承担她出国的费用。

鱼儿明白,她不能再坚持下去,她放弃了这个准备已久的计划,准备考研。可惜,人生总是不尽如人意,她没有考上第一志愿,被调剂到了一座偏远城市的一所大学。到底该不该服从调剂,鱼儿心中很困惑。最后,鱼儿咬咬牙,不顾家人的强烈反对,决定去那个遥远的地方读书。

此时,家里已经为她找到了一份不错的工作,但鱼儿还是拒绝了。家里人不想让她去很远的地方读书,因为毕业后她可能会面对更多的压力和问题。首先,读书三年后,她不再年轻,在职场上会面对更大的压力。其次,偏远地区的硕士甚至可能不被用人单位熟知或者认可。在年轻的时候,我们总觉得可以凭借自身的力量和一腔热血去战胜所有凶险,甚至不计后果地抗拒着一切社会规则。鱼儿就是这样的姑娘,勇敢、单纯、不留余地。就这样,鱼儿一个人远离家乡,跑向了那个遥远的地方。在那里,她每天除了学习外,还经常四处游历,感受了不同的文化,更看到了不同的民俗。

毕业后,该面对的问题还是遇到了。鱼儿经人介绍去了一家影视公司面试,一进门,公司老总就拿出一本书摆在她的面前,告诉鱼儿:"书的作者在大二的时候就已经跟着我写剧本了,现在已经是某高校的系主任,年龄只比你大两岁。当然,她的家庭也有一定的背景。"那个老总又拿起鱼儿的简历,看了看说:"我想问,你读硕士的××大学是什么学校?我怎么没有听说过?"鱼儿当时就愣住了,不知道该如何回应,原来这就是现实。家里人担心的一切都成了现实:年龄、学校、背景。

那段日子,鱼儿一直都郁郁寡欢,不知道该如何选择自己的人生。很多人劝她不要再坚持自己的梦想了，还是准备考个老师或者公务员，选择过一个安稳的生活吧。但是，鱼儿并不想就这样妥协，她还想要和现实抗争一下，还想凭借自己的力量闯出一片天地。她痛哭一场后，擦干了眼泪说："赵鱼儿，这是你最后一次哭。自己选择的路，再艰难也要走下去！从此以后，你都不许掉眼泪！那是懦夫的表现！"后来，鱼儿离开了家乡，去了中国最难生存的一线城市。她去了一家刚起步的小公司，每天做着喜欢的事情。尽管父母告诉她，这种选择是任性的、不计后果的，会被生活的车轮碾压成碎片，但是鱼儿毅然上路了。

有的人问鱼儿："你后悔吗，在最宝贵的年华跑到那么远读了三年书，最后还不被用人单位认可？"鱼儿笑着说："其实，无论如何选择，我们都会后悔。没有哪个人生是不带遗憾的。起码，在年轻的时候，我努力过、尝试过、勇敢过，这就够了。鱼和熊掌本身就不能兼得，当你选择自己的梦想去漂泊时，就必定要承受人生的巨大风险。当你选择稳定的生活时，那就不要羡慕别人丰富多彩的人生。"是呀，很多时候，拼尽一切，我们终究不愿承认，原来自己依旧那么平凡、普通，冷遇和嘲讽早已成了家常便饭，然而心中依然留存一个伟大的英雄梦。

也就是那个时候，鱼儿开始写书，名字叫《赠远方的你》。那里记录了她这些年的漂泊与心情、艰辛与挣扎。在序言中，她这样写道："你要相信，就算被千万人轻视贬低，你依旧是高傲的绝版。"

我们都是一叶扁舟，起落于浩瀚汪洋之中，空凭一腔热血，就想成为盖世英雄。他们劝我们回头是岸，可就算撞礁搁浅，我们也不愿屈服于残酷的流年。在被岁月摧残得千疮百孔之后，我们依然不懂什么叫迷途知返。